Simple and Healthy Recipes
for Mothers-to-be

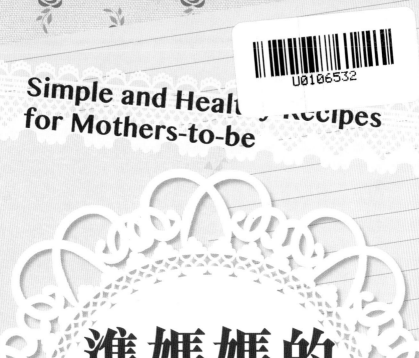

準媽媽的
好煮意

懷孕哺乳飲食及
愛嬰護理札記

序
做個「自煮」媽媽!

最近有親友從外國返港長住,外出用餐後,慨歎食物質素今非昔比,無復當年的好味道。無他,近年飲食業面對租金、食材價格和工資上升的問題,不少餐廳難免會將貨就價,犧牲了食物質素。

既然如此,何不考慮在家煮食呢?親選優質食材,跟着食譜做菜,既可因應個人口味調味,亦可選用較健康的烹調方式,實在樂趣無窮,值得追求健康的你一試。

2013 年是英國著名美食作家伊麗莎白·戴維(Elizabeth David, 1913-1992)誕生一百周年,全英舉行了多個活動,紀念這位影響英國飲食史的一代廚神。因為本書的關係,近日我翻閱戴維的經典著作《法國地方美食》(*French Provincial Cooking*),她在該書的序言中談及好食材的重要性:「談到應用這些食譜,我現在更盡力追求質素。一點優質的橄欖油、純正清澈的上湯、澤西種乳牛所提煉的濃忌廉,或是用人道方法所飼養的雞所生的幾隻蛋,比起劣質的臨時替用食材,質素不可同日而語。」("When it comes to using the recipes, my inclination now is to try harder than ever for quality. A little fine olive oil, or true, clear stock, or double cream from Jersey herds, or a few fresh eggs laid by decently-fed, humanely-reared hens go a lot further than twice the amounts of third-rate makeshifts.") (Elizabeth David, 1962)

誠然,要吃得健康,就要有要求!好的食譜(正如本書的食譜)要遇上有心思的烹調者,以及新鮮上好的食材,這樣烹調出來的食物,質素才有保證,堪稱愛心餸菜,有益健康。

《準媽媽的好煮意》的食譜對產後餵哺母乳婦女甚有幫助，不但能調理好新任媽媽的身體，更能為寶寶帶來營養。對其他讀者而言，亦能作為下廚款待良朋親友的美味佳餚。希望各位讀者多多下廚，享受當中的樂趣，為親友煮出幸福的味道，締造健康飲食。

　　最後，藉此機會，謹向參與本書編印的伊利沙伯醫院婦產科、兒科和營養部的醫護人員，以及三位在本院分娩的媽媽致謝。多謝各位分享孕婦產前、產後的身心需要和其家庭迎接嬰兒的準備工夫。希望本書能為懷孕、生育與餵哺母乳的媽媽打氣！

盧志遠醫生
九龍中　醫院聯網總監
伊利沙伯醫院行政總監

於 1989 年，英國南安普敦大學大衛‧巴克教授首次發現嬰兒出生體重愈輕，成長後患心臟病的風險就愈高。隨後之研究更發現出生體重輕的嬰兒與成年後罹患高血壓、中風及糖尿病的風險有關。

婦女在受孕及懷孕期的體重飲食直接影響 BB 的發育健康。如果寶寶出生後頭兩年體重增長緩慢，日後患慢性疾病的風險也會增加。所以在懷孕期及出生後頭兩年，即首 1000 日的飲食和體重是非常重要的。若為子女着想，起跑線應在受孕期。

今日的香港，飢餓幾乎不存在，但是由於一些孕婦偏食，缺乏某些重要的營養，過瘦或過胖，胎兒亦會得不到適當的營養。

其實很多孕婦都會很關心自己的飲食、體重和活動是否會影響胎兒的結構生長，她們會問醫護人員、親戚、朋友或在網上尋找答案。出版這本書，正切合她們的需要。我非常感謝一班專業的助產士及其他專家，分享她們的寶貴經驗，增強婦女在懷孕期的健康知識及日後照顧 BB 的能力，用專業意見為準媽媽解開疑團，幫助她們作一個適合自己及寶寶的選擇。書中有不少篇幅是涉及母乳餵哺，這是近年社會的趨勢。母乳對嬰兒的健康非常重要，能減少呼吸道感染及肚瀉，值得各界支持及推廣。另外一個好的趨勢是安排丈夫陪產，為太太按摩減痛和打氣助跑，共同迎接寶寶的來臨。

希望大家喜歡這本書，有一個愉快的懷孕、生產及餵哺歷程，母子健康。

梁國賢醫生
伊利沙伯醫院婦產科部門主管

出版緣起

懷孕是一件幸福的事，但女性於懷孕期間會因一些身體上的改變未能適應，而帶來困擾和壓力。伊利沙伯醫院的門診學堂在 2012 年舉辦了一個專為打算餵哺母乳的孕婦而設計的課程，當中包括各種懷孕知識，以及有關生理、心理、營養和生產過程等等資訊；並加插課堂教導烹飪技巧，讓準爸爸和準媽媽一同學習在懷孕過程中及產後所需要的飲食營養及其烹調方法；當然還少不了育嬰的知識。這個課程很受準父母歡迎，因為完成課程後，不但加強了準父母的信心和自理能力，更幫助孕婦於產後能掌握自我調理和育嬰的技巧，有助成功餵哺母乳。

有見及此，伊院特別把相關知識加上 47 道菜式湯水的食譜，編製成書，以供更多的準父母參考。當中的食譜提供了從西方營養學、中國人傳統及中西醫不同角度的建議，希望為準父母提供多元化的知識。此書得到婦產科醫生、助產士、營養師、中醫師，以及經驗豐富的過來人母親，協助完成。謹此致謝，並希望所有懷孕的婦女都能幸福地享受懷孕的過程和成為母親的喜悅。

廖綺華
註冊護士
九龍中　醫院聯網護理總經理
伊利沙伯醫院護理總經理

產前護理

如何減輕懷孕期常見的不適

常見不適	處理要點
噁心、嘔吐	<ul><li>少吃多餐，避免空腹或過飽，兩餐之間吃些小食</li><li>飯前飯後半小時內避免飲用流質，如湯、水、茶等</li><li>選擇容易消化的食物，避免進食辛辣、煎炸、氣味濃烈、高脂肪及油膩食物</li><li>如要舒緩晨早噁心，可吃些餅乾或多士</li></ul>
心口灼熱、胃灼熱	<ul><li>少吃多餐</li><li>飯後切勿馬上仰臥</li><li>穿鬆身的衣服</li><li>避免酒精、咖啡因、過酸、過辣、有氣、肥膩、難消化的食物或飲料</li></ul>
小腿抽筋	<ul><li>勤做小腿運動或按摩</li><li>如小腿出現紅腫熱痛，應馬上尋求治療</li></ul>
腳腫	<ul><li>輕微腳腫是懷孕常見的問題</li><li>穿着舒適的鞋，坐下或睡覺時可把雙腳墊高</li><li>可進行適度的腿部按摩，即雙手從腳面往上推至膝蓋，沿小腿肌肉返回腳掌；如是者重複數次，有助改善小腿腫脹</li><li>如同時伴隨頭痛、眼花及胃痛，應確定並非患上妊娠高血壓症</li></ul>
腰背痛	<ul><li>穿着舒適的鞋</li><li>站立或坐下時要保持腰骨挺直</li><li>勤做產前運動</li></ul>
尿頻	<ul><li>不要限制飲水量</li><li>避免臨睡前飲大量流質</li><li>如同時伴隨小便赤痛，須尋求治療</li></ul>
便秘	<ul><li>確保飲用足夠流質（每天飲 8 杯水）</li><li>多吃高纖維食物，如蔬菜、全穀類食物、生果、豆類</li><li>可吃西梅或飲西梅汁，有助腸道暢通</li><li>適量輕度運動，如散步、瑜珈可增加腸道蠕動</li></ul>

常見不適	處理要點
痔瘡	<ul><li>確保飲用足夠流質</li><li>增加進食纖維豐富的食物，以防便秘</li><li>可使用醫生配方的外用藥膏減輕癢痛不適</li><li>如大便出血量多須尋求治療</li></ul>
皮膚痕癢	<ul><li>保持個人衛生及皮膚滋潤</li><li>選用不含香料或刺激性物質的護膚品</li><li>避免進食辛辣及刺激性食物</li><li>切忌自行購買外用藥膏</li></ul>

若以上不適情況嚴重、持續或加劇，須請教醫生或營養師，切勿隨便服藥。

休息及睡眠

- 足夠睡眠和休息，能保持心境舒暢，有助胎兒健康成長。
- 胎動、夜尿、肌肉緊張等因素，可影響睡眠質素。沐浴、熱飲、輕鬆音樂、休閒書籍等，都能讓孕婦鬆弛下來，有助入睡。
- 日間多運用空閒時間小歇。

產前運動

- 定時進行適量的運動如步行及游泳，可以強化肌肉與關節，改善情緒及個人形象，並可預防腰背痛。
- 時常保持正確姿勢，可預防肌肉疲勞。

腰背護理

- 胎兒成長令子宮稍向前傾，腹部出現重墜感；可選用有前腹加護的內褲，或使用托腹帶，以減輕腰背的負荷。
- 因荷爾蒙分泌影響，皮膚的汗線分泌也會增加，易令皮膚痕癢，使用托腹帶時要注意保持皮膚乾爽。

乳房護理

- 懷孕期因荷爾蒙分泌轉變，乳房會有少量白色的分泌物乾涸在乳頭上，沐浴時留意清洗便可。
- 懷孕三十七週前切勿揉搓乳頭，以免刺激子宮收縮。
- 乳房會逐漸增大，孕婦要配戴尺碼合適的胸圍。為方便餵哺母乳，可預備有活動扣的胸圍。

陰道分泌

- 懷孕期間出現較多陰道分泌屬正常，選用棉質內褲及勤換衛生護墊，保持會陰乾爽，避免灌洗陰道。
- 若有異味或痕癢，須作進一步的檢查及治療。
- 如懷疑穿水，應馬上入院檢查。

懷孕期性生活

- 除了妊娠早期有作小產徵狀或胎盤生長於子宮較低位置外，孕婦在懷孕期間可以繼續性生活。
- 懷孕期可配合不同體位，避免壓迫腹部，以及要避免劇烈的動作。
- 性交時若下腹出現脹痛不適、陰道流血或穿水等，應盡快見醫生。

情緒轉變

- 懷孕期間維持穩定的情緒、平和的心情有助胎兒平穩的成長。方法包括：
  - ＊ 有規律的生活，避免生活上太大的轉變，如轉職或搬屋等
  - ＊ 有足夠睡眠和休息
  - ＊ 適當地分配私人時間、工作、家務，並懂得調劑生活
  - ＊ 認識有關懷孕期間生理上的轉變、生產的過程、產後護理及照顧嬰兒的知識
  - ＊ 認識做母親的責任
  - ＊ 遇到疑難或情緒困擾，要找家人傾訴或諮詢醫生

懷孕期體重增長

孕婦於懷孕期須保持均衡及健康飲食、進行適當活動，令體重適當增加。
懷孕期體重增加過多，可引致：

- 妊娠糖尿病
- 妊娠高血壓
- 難產
- 新生嬰兒低血糖症
- 巨嬰症

懷孕期的體重增長是依據懷孕前的體重指標 (BMI) 來評核。
BMI 的計算方法是 = 懷孕前體重 (公斤) ÷ 身高 (米) ÷ 身高 (米)

懷孕前體重指標 (BMI)	體重增長 (公斤 [磅])
過輕 <18.5	<12.7-18 [28-40]
正常 18.5 - 24.9	11.4-15.9 [25-35]
過重 25.0 - 29.9	6.8-11.4 [15-25]
肥胖 ≥ 30.0	5-9.1 [11-20]

資料來源：Institute of Medicine 2009

以一位懷孕前體重指標正常的孕婦為例：懷孕期由第 1 至 13 週體重增長只需約 0.5 - 2.0 公斤；第 14 週以後，每星期約需增加 0.4 - 0.5 公斤；懷孕期總體重增加約 11 - 15 公斤。

產前運動

由於懷孕期間，孕婦體重增加，荷爾蒙轉變，加上骨骼肌肉變化導致韌帶鬆弛，容易引起疲勞和腰背酸痛。因此，定時進行適量運動能有效舒緩緊張的肌肉，促進母嬰健康。

產前運動的好處

- 增強平衡力及肌肉靈活性，令整個人更有生氣
- 預防懷孕早期出現的問題，如小便失禁
- 預防腰背酸痛
- 鍛煉肌肉和強健關節，使分娩過程更順利
- 減輕生產時的痛楚

產前運動注意事項

- 如懷孕正常，一般懷孕十六週後可進行產前運動
- 每天 2-3 次，每個動作做 10 次
- 運動量因人而異，須循序漸進，按個人需要逐步增加
- 如有陰道出血，須立即停止並諮詢醫護人員

盤坐運動

- 增加腿內側肌肉的柔軟度，亦可加大盆腔的體積
- 盤坐地上，腳底相對，慢慢將膝頭放下直至腿內側肌肉拉緊
- 切忌用手大力按下膝頭，過急的力度會容易拉傷肌肉

腰部及腹部運動

- 能增強肌肉承托力，減輕或預防腰背痛
- 仰臥並雙膝屈曲，雙腿分開，收緊腹部，盤骨微向後傾（圖 A）
- 站立或坐着時，同樣可以收緊腹部，盤骨微向後傾
- 雙手及膝蓋着地，收縮腹部，背部向上隆起（圖 B），面部微向下望，保持姿勢片刻，然後放鬆使腰部回復平直（圖 C），但不要把腰部往下壓

腰背護理

- 確保正確坐姿：要選用高度合適的椅子，保持腰背挺直，雙腳平放地面，可使用毛巾或小枕頭墊於腰部弧位
- 確保正確站立姿勢：站立時要保持挺胸收腹，背部平直，像頭頂被繩子繫着般，避免腰部弧位過彎

會陰肌肉運動

- 增強會陰肌肉的肌力及控制力，預防小便失禁及子宮下垂現象
- 仰臥、屈膝、雙腳分開，收緊會陰、肛門及尿道口肌肉，像忍大小便般，維持三至五秒，然後放鬆
- 此運動可於坐着、躺下、站立或配合日常生活下進行，每天做多次，做運動時最好能如常呼吸，交談，不要忍住氣來做

腳部運動

- 利用有節奏的肌肉收緊放鬆，促進血液循環，舒緩或預防腳腫、抽筋及靜脈曲張
- 仰臥（雙腳可用枕頭墊起）
  * 腳踝向內外繞圈（圖 D-F）
  * 腳踝向上下活動（圖 G-H）
  * 把腳趾盡量向內收縮，然後放鬆，再盡量向外撐開（圖 I-J）
- 用毛巾牽拉，協助腳掌向上翻，收緊片刻（圖 K）

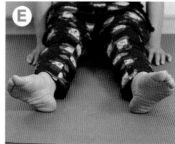
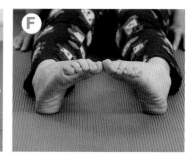

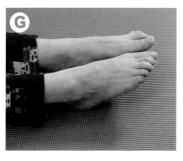
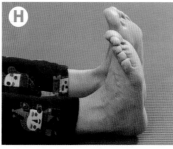

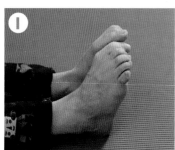
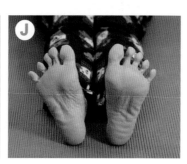

屈膝運動

- 增加下膝關節的靈活度及鍛煉盆腔肌肉
- 手握穩固的家具站立，雙腳分開蹲下，然後緩緩站起
- 進行此運動時，雙腳必須平放地面，不要用腳尖

分娩球運動

- 穩定身體重心，讓孕婦保持良好的平衡力
- 進行伸展及強化肌肉的運動，保持肌肉的力量及身體的柔軟性，也能令腹部和骨盆底肌肉更健康
- 有少部分產婦不宜進行分娩球運動，如：高血壓、心臟病、多胞胎、胎盤前置或不穩定的胎位，產婦宜先諮詢醫生意見
- 動作：
  ＊坐在球上時腰部放鬆地向前後、左右或轉圈移動，亦可輕輕地上下彈動，只需按着自己喜歡的節奏輕鬆緩慢地移動便可
  ＊背靠着球，慢慢地、微微地向上下移動

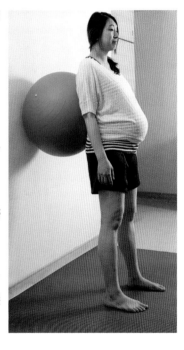

- 注意事項：
  * 避免足尖練習
  * 一定要在防滑軟墊上進行
  * 避免突然轉變方向、水平及速度
  * 避免長時間站立，可採用坐姿或跪姿
  * 產前不可俯卧在分娩球上進行運動

預防小腿肌肉痙攣（抽筋）

- 小腿肌肉痙攣於懷孕期頗為常見
- 預防方法是不要在一個固定位置，突然伸展肌肉。如睡覺轉身時突然蹬直腿、「伸懶腰」等動作都會引發小腿抽筋
- 預防或舒緩小腿不適
  * 慢慢將腿部伸直
  * 腳掌向上
  * 按摩不適處
  * 站立在地板上

如有任何疑問，請向醫護人員查詢。

懷孕期常見疾病

妊娠高血壓

妊娠高血壓是在懷孕第二十週後出現的高血壓徵狀，分別於兩次不同時間量度，相距六小時，血壓高過 140/90 mg，並沒有蛋白尿徵狀。如血壓控制不佳，有合併蛋白尿、水腫等現象，會產生妊娠毒血症（Pre-eclampsia），又稱「子癇前症」、「產前子癇症」。有機會導致孕婦腦出血、肺水腫、急性腎衰竭，嬰兒早產或流產等。

哪些人會有較高機會患上妊娠高血壓？

- 懷孕前過重或肥胖
- 35 歲以上的孕婦
- 青少年期懷孕
- 患有糖尿病、血壓高及腎病
- 多胎妊娠
- 飲食不均衡，多吃高熱量、蔗糖、多元不飽和脂肪的食物

妊娠高血壓的飲食原則

- 依照懷孕之均衡健康飲食標準（請參閱第 20 頁）
- 每天攝取足夠水果和蔬菜
- 宜多選全穀類的五穀食物，如紅米、糙米、麥皮、穀麥早餐等
- 飲用脫脂、低脂奶類或其製品
- 避免攝取高鹽分、罐裝及醃製食品，如燒味、臘腸、鹹魚乾、即食麵、午餐肉、腸仔、罐裝清雞湯、腐乳、梅菜、鹹蛋、涼果等
- 避免多醬汁、芡汁的餸菜及調味料，如照燒汁、牛腩汁、茄汁或白汁意粉、豆豉醬、鹽、味精、雞粉、蠔油等。可選用蒜頭、薑、芫茜、果皮、香茅、檸檬 / 青檸汁、醋、花椒、八角、五香粉等調味

妊娠糖尿病

食物中的碳水化合物（葡萄糖、果糖、蔗糖、乳糖及澱粉質）經消化後成為葡萄糖，便會在血液中運行。懷孕時體重增加，可是身體卻無法提昇胰臟的胰島素分泌，協助葡萄糖進入細胞，因此血液中的糖分仍高。此外，懷孕期間分泌的一些荷爾蒙，例如：黃體素、雌激素及胎盤分泌的生長激素等，會與胰島素抗衡，因而相對地令體內胰島素的效能降低。

如孕婦的血糖含量持續高水平而身體未能運用，血裏的糖分會在尿液中排出，便稱為妊娠糖尿病。

哪些人會有較高機會患上妊娠糖尿病？

- 懷孕前身體過重或肥胖
- 懷孕時體重上升太快或過重
- 曾生產巨嬰者（嬰孩出生體重超過四公斤）
- 曾經早產及產死胎者
- 曾患妊娠糖尿病者
- 25 歲以上的孕婦
- 家族成員患有糖尿病

妊娠期糖尿病若控制不當，可能會引致：

- 胎兒增長速度加快，變成巨嬰
- 難產
- 嬰兒早產或流產
- 畸形嬰兒
- 嬰兒在初生期間有「血糖過低」的危險

妊娠糖尿病的飲食原則

- 依照懷孕之均衡健康飲食標準（請參閱第 20 頁）
- 避免進食高糖、高脂肪食物（請參閱下頁列表）
- 每天飲食需要定時定量，保持血糖穩定，防止血糖太高或過低的情況
- 適量選用含有醣質（碳水化合物）食物（即五穀、根莖類蔬果、豆、奶及水果），如飯、粉、麵、粥、麥皮、麵包、薯仔、紅蘿蔔、豆類、蘋果、橙等
- 注意懷孕期鐵質、葉酸、鈣質、碘質的需求量增加

- 選吃高纖維食物：麥皮、豆類、水果、菇菌藻類等含豐富水溶性纖維，有助控制血糖
- 宜選用健康烹調方式，先切除肉的肥膏和皮層，再以蒸、焗、燜、燉、焓或燴的方法煮食
- 避免油炸、動物脂肪及反式脂肪食品，如春卷、炸雞、薯條、蝦片、豬皮、雞皮、油麵等
- 避免高鹽分及多調味料的食物，如燒肉、臘腸、鹹魚乾、即食麵、味精、雞粉等
- 避免含酒精飲品如米酒、啤酒、餐酒、各式烈酒等
- 依照營養師餐單所編定的份量進食

高糖分、高脂肪食物

粉麵飯薯	杯麵、即食麵、伊麵、炒飯、炒河、炒麵、薯條、薯片等
包點 / 甜品	菠蘿包、雞尾包、蓮蓉包、馬拉糕、蛋糕、蛋撻、禮餅、月餅、甜餅、夾心餅、曲奇餅、雪糕、糖水、糖果、朱古力、中式糖果、涼果、糖漿、果醬等
肉類	肥肉、動物皮層（如豬皮或雞皮）、午餐肉、吉列豬扒、香腸、臘腸、牛肉乾等
飲品	汽水、葡萄糖飲品、加糖黑加侖子 / 果汁、蜜糖、煉奶、朱古力奶、孕婦奶、營養奶、肥膩湯水等
調味料	蠔油、茄汁、甜豉油、甜醬、甜醋、沙律醬等

高糖分、高脂肪食物不但影響體重，而且大部分缺乏營養素，不宜經常進食。如欲食用，請向營養師查詢適當份量。

資料來源：醫院管理局營養服務統籌委員會之妊娠糖尿飲食指南 (2012)

孕婦每日的均衡飲食

要維持健康的體魄及孕育精靈的寶寶，孕婦應維持均衡飲食，攝取足夠的營養素。孕婦每天的飲食應包括以下各項種類的食物和飲料：

五穀類（飯、粥、粉、麵、麥片、麵包、餅乾等）

* 含有豐富碳水化合物，少量維他命 B 雜及植物性蛋白質，供給能量
* 全穀類食物含豐富纖維素，可增加飽腹感及防止便秘
* 多選全穀麥類如糙米、紅米、全麥麵包等代替白米、白麵包

蔬菜類及水果類

* 含豐富維他命及礦物質能增強身體抵抗力，維持細胞和人體之正常機能
* 纖維素可增加飽腹感及防止便秘
* 根莖類含豐富碳水化合物供給熱量
* 水果中的維他命 C 有助吸收鐵質
* 多吃含高鐵、鈣、豐富胡蘿蔔素的深綠色蔬菜，如菠菜、芥蘭、西蘭花等
* 多吃不同顏色蔬菜和水果，如南瓜、紅蘿蔔、茄子和番茄等來攝取抗氧化物

肉類（豬、牛、羊、家禽、魚、乾豆、蛋及果仁等）

* 含豐富蛋白質、鐵質、維他命 B 雜
* 蛋白質構成體內各組織，能助長胎兒發育，更能補充孕婦體內新陳代謝所需
* 多選優質蛋白質及鐵質豐富的肉類，如牛肉、豬肉、雞髀肉、蛋等
* 魚類多選奧米加 -3 脂肪酸高的三文魚、紅衫魚、沙甸魚、鯰魚、黃花魚、秋刀魚等
* 素食人士可選擇紅豆、紅腰豆、鷹嘴豆、綠豆、黃豆、豆腐、堅果、種子類等以攝取植物性蛋白質

奶類產品（奶、乳酪、芝士等）

* 含豐富鈣質、蛋白質、磷質及維他命 B 雜
* 能促進胎兒骨骼與牙齒的健康發展

- 選高鈣脫脂或低脂奶、低脂芝士、低糖乳酪等
- 若不喜歡奶類產品，另可選吃蝦米、丁香魚乾等補充鈣質
- 素食人士可選擇加鈣豆漿、板豆腐、深綠色蔬菜、芝麻、杏仁、橙、橙汁等

流質（開水、清茶、牛奶、果汁、湯水等）

- 水分是構成胎兒身體及乳汁的重要成分
- 防止便秘，幫助排泄
- 多選開水、清菜湯、瘦肉或豬腱煲或燉湯
- 避免用雞腳、骨或有皮層肥膏的肉做湯料
- 避免忌廉湯

要維持均衡飲食，孕婦可參考下表中各類食物每天的食用份量及選擇。

以下建議份量以懷孕前體重 45 至 60 公斤、體重指標 18.5 至 22.9、一般體能活動量的女士一天所需計算為參考。

食物	每日需求量（份）			食物每份份量（例子） 1 中號碗 = 250-300 毫升 1 杯 = 240 毫升
	未懷孕及 懷孕初期	懷孕 中後期	哺乳期 婦女	
五穀類	3-4	3.5-5	4-5	• 飯 1 碗 • 米粉 1 碗（煮熟） • 麵 1 碗滿（煮熟） • 通心粉、意大利粉 1 碗半（煮熟） • 粥 2 碗 • 麵包（連皮）2 片（1 磅 8 片裝） • 麥片半碗（乾）
蔬菜類	3 或以上	4-5	4-5	• 蔬菜、瓜半碗（煮熟）
水果類	2 或以上	2-3	3	• 橙 1 個（中型） • 蘋果、梨 1 個（中型） • 奇異果 2 個 • 大提子、大士多啤梨 10 粒 • 切粒水果半杯

食物	每日需求量（份）			食物每份份量（例子）
肉類	5-6	5-7	6-7	• 肉約 40 克或 1 兩 • 30 克煮熟的肉（如乒乓球大小） • 雞蛋 1 隻 • 板豆腐 1/3 磚 • 煮熟豆類約 4 湯匙 • 中蝦 / 中型帶子 4 隻
奶類產品	1-2	2-3	2-3	• 每份含鈣量約 300 毫克的食物 • 奶類食物宜選擇脫脂或低脂： 　＊奶 1 杯 　＊芝士 2 片 　＊乳酪 1 盒（150 克） • 其他含高鈣質的食物： 　＊高鈣豆漿 1 杯 　＊板豆腐半磚 　＊3 條罐頭連骨沙甸魚 　＊芝麻 3 湯匙 　＊深綠色葉菜，如 200 克芥蘭或白菜、300 克菜心
流質	6-8	8	10	• 多選開水、清湯

部分資料來源：醫院管理局營養服務統籌委員會之懷孕及哺乳期飲食指南 (2014)
衞生署懷孕及哺乳期的健康飲食小冊子 (2013)

除均衡健康飲食外，孕婦要注意減少進食高糖分食物和飲料，如菠蘿包、蛋糕、蛋撻、果汁、汽水等。餐與餐之間可以少量水果、瑪利茶餅、梳打餅、脫脂奶代替高熱量小食。另須減少進食高熱量和高脂肪的食物，如春卷、炸雞、薯條、蝦片、豬皮、雞皮、油麵等。可多在家中以健康烹調方式煮食，先切除肉的肥膏和皮層再以蒸、焗、燜、燉、焓或燴的方法煮食。每天煮餸宜選用芥花籽油或橄欖油約 4 茶匙。

跟隨以上飲食原則，自然可以成為有「營」準媽媽！

懷孕及哺乳期應避免進食的食物

酒精

懷孕及哺乳期須注意避免飲酒，以免導致胎兒流產、嬰兒過輕、嬰兒心臟缺陷。酗酒可引致嚴重胎兒酒精綜合症，包括嬰兒中樞神經系統破壞及臉部畸形，亦會影響嬰兒日後身體及情緒發展，包括記憶力變弱、注意力不足等。酒精類飲品包括啤酒、中國或日本米酒、蛋酒、雞尾酒、威士忌等，必須避免。

如因某些特別情況有需要飲酒，應只飲用少量及避免在飲用後 2 小時內餵哺母乳。

咖啡因

懷孕時應避免過量飲用含咖啡因飲品，包括咖啡、茶、某些能量飲品、汽水等，以免引致胎兒流產或嬰兒過輕。哺乳期間也應避免，否則會引致嬰兒過度活躍或睡眠不安。

高水銀（汞）含量的深海魚

某些深海魚因水銀含量高，應完全避免進食，例如鯊魚、大耳馬鮫 (King Mackerel)、旗魚 (Swordfish)、劍魚、金目鯛 (Snapper)、吞拿魚等。另應選擇水銀含量較低並含豐富奧米加 -3 脂肪酸的魚類，如三文魚、沙甸魚、黃花魚、紅衫魚、鯧魚等。亦可選吃體型較小的魚（約一斤以下）、養殖魚和淡水魚，這些魚含水銀量較低。須留意每週進食魚類的份量最多為 12 安士（約 360 克）。

未經煮熟食物

未經煮熟的食物容易受李斯特菌污染，進食後可能導致流產、早產或令新生嬰兒受感染等。凍肉、火腿、熱狗腸、生牛肉等必須煮熟，因可能含有李斯特菌。另外要避免吃冷藏的煙燻海產，除非煮熟。生的肉類、海產或蛋類可含有大腸桿菌、細菌及寄生蟲，所以應避免進食魚生、壽司、生蠔、生牛肉、半生熟的太陽蛋、蛋酒等。

未經巴斯德消毒 (Unpasteurized) 的食品及奶製品

避免吃法國乳酪 Brie、Camembert 等，亦不宜飲用未經巴斯德消毒的鮮搾果汁，因可含有李斯特菌及大腸桿菌。可選吃有食物標籤經巴斯德消毒的硬芝士如 Cheddar 或 Swiss，及經巴斯德消毒的果汁。

部分資料來源：衛生署「愛 • 從母乳開始」（2014 年 2 月版）

如何令寶寶快人一步「贏在起跑線上」？

想讓胎兒在最佳的環境發育，準媽媽必須懂得掌握機會，在懷孕期間有充足預備，建立每天均衡健康的飲食習慣、攝取足夠營養、保持活動和健康狀態、控制體重增加，避免酒精、煙草及有害物質。

產後應以母乳餵哺，因母乳能提供最全面和優質的營養，更能提昇寶寶的免疫力，使腦部、視力、腸道及呼吸道獲得成熟的發展，亦可減少由牛奶蛋白過敏所引起的腹瀉、嬰兒氣喘、濕疹等症狀。根據母乳與嬰兒認知發展關係研究發現，吃母乳的嬰兒智力較高，情緒也較穩定。

懷孕及哺乳女士不應吃二人份量的食物，避免體重增加太快及太多。宜選吃營養豐富的食物，以提供胎兒發育需要。懷孕時熱量的需求只需要適量增加。在第一孕期（第一至三個月）是不需要額外熱量的；在第二孕期（第四至六個月）須每天增加熱量約 300 卡路里，約相等於一杯脫脂奶和一份雞蛋三文治。第三孕期（第七至九個月）則須每天增加熱量約 450 卡路里。哺乳期亦只須攝取額外熱量約 500 卡路里，相約每天多飲脫脂奶一杯、蘋果一個、飯一碗及蛋一隻。

懷孕及哺乳的不同階段，應特別注意攝取足夠微量營養素，使媽媽身體能準備足夠營養供給自己及寶寶：

- 懷孕初期：葉酸、碘、維生素 A
- 懷孕中後期：熱量、鈣、鐵、奧米加 -3 脂肪酸、葉酸、碘、維生素 A
- 哺乳期：熱量、蛋白質、葉酸、碘、維生素 A、奧米加 -3 脂肪酸

下表是其中幾項孕婦及新任媽媽所需微量營養素的功用及主要食物來源：

微量營養素	主要食物來源
奧米加 -3 脂肪酸 (DHA, EPA) 助長胎兒腦部及視力發展	 - 三文魚、紅衫魚、沙甸魚、鱠魚、黃花魚、秋刀魚 - 素食者可選吃 α- 亞麻酸 (ALA) 含量較高的亞麻籽、合桃或芥花籽油，讓身體轉化成 DHA

微量營養素	主要食物來源
 維他命 A 有助視力發展，提昇免疫功能之必要元素	• 紅色、黃色水果如車厘茄、桃駁梨 • 深綠色葉菜如菠菜、西洋菜 • 黃橙色蔬菜如南瓜、紅蘿蔔、番薯 • 牛奶、雞蛋
葉酸 防止貧血，是胎兒細胞增長的主要元素，有助中樞神經正常發展，所以需求量比正常增加	• 深綠色葉菜如菜心、菠菜、芥蘭、西蘭花 • 乾豆、豆類如扁豆、青豆、茄汁豆 • 各類添加葉酸穀物早餐如粟米片、維他麥 Weetabix • 水果如橙、皺皮瓜、木瓜 • 果仁如花生 
 鈣 建立骨骼和牙齒的主要元素	• 牛奶和奶製品如芝士、乳酪 • 豆腐、加鈣豆漿 • 蝦米、小魚乾和連骨吃的魚 • 深綠色葉菜如菜心、芥蘭、小白菜、菠菜
鐵 製造紅血球及防止貧血，需求量比未懷孕時增加，預防懷孕及產後貧血	• 紅肉如牛肉、豬肉、羊肉、蛋黃 • 深綠色蔬菜如菠菜、芥蘭、芥菜、西蘭花 • 乾豆類如扁豆、紅腰豆 • 乾果類如杏脯、提子乾 
碘 有助胎兒生長，腦部正常發展及維持碘儲備	• 海帶、紫菜、鹹水魚如紅衫、馬頭、蝦、淡菜、青口、蛋、奶及奶製品、加碘食鹽

中醫師的真情分享

回憶我初懷孕時，家中老人家顯得十分緊張，奶奶和媽媽每天輪流給我送來她們的湯水飯菜。份量每日增多，與我的肚子大小成正比；食材既不夠多元化，賣相又欠奉，故未能引起食慾，真有吃不消的感覺。每次我對着飯菜都是皺着眉，她們總是說吃完 BB 會健康或吃完就會生得快啲，所以我每天都會乖乖地將所有食物吞進肚裏。

預產期兩週後，要入院催生，記得早上入到病房的時候，一位準媽媽快將被推到產房待產，大叫說：「這麼痛，以後不再生孩子了」，我當時非常害怕，感覺雙腿在發軟，在旁的師姐安慰說：「每個人感受不同，生第一胎的時間會比較長些」，病房的孲孲也插嘴說：「很多準媽媽臨到產房都是這樣說的，這就叫做生仔姑娘醉酒佬，過後就唔記得，可能明年在產房又見到她了」，我聽後只勉強地對她一笑；幸好主保祐我由開始催生至我的寶貝出生，用了不到三小時的時間。回到病房，同事首次抱着寶寶到我懷中，我好像抱着一個八磅多重的麵粉糰，掛着標緻的五官，感覺是這樣的奇妙，內心是那麼的甜蜜，這一刹那，心裏除了感謝主之外，亦藏着對長輩的無言感激，她們的獨門湯水，令我生產過程順利和體重有四十多磅的增值。雖然這是多年前的事，讓我藉此機會衷心多謝產科部門同事的照顧，以及病房孲孲那番令我回味的說話。

我對中醫藥的認識及親身體驗，讓我了解到食物的寒熱溫涼屬性可以調節身體的機能，對孕婦及產婦尤為重要，準媽媽會因孕期的不同階段所出現的身體變化而感到不適，希望藉着一些食物可以舒緩身體不適的症狀，從而輕鬆度過整個懷孕期，讓胎兒能夠在母體內健康發育，出生後有壯實的體格。孕婦臨產前進食一些可以令生產順利的食物，不但可以將產程縮短，從而減少疼痛時間，產婦亦不會大傷元氣，身體較容易恢復過來。婦女生產後表現為多虛、多瘀的體質，所以產後會出現一些小毛病，可以根據補氣、補血、化瘀等不同功效的食物，煮出一些美味的餸菜，達到調治身體的目的。對於食材的選用，平常百家的食物也有其補益作用，亦可煮出如山珍海錯的鮮味，所以食物應以易買、易處理及易烹調為首要之選。

因此，我編撰了27道產前食譜（請
參閱第28頁）和20道產褥期食譜
（請參閱第124頁），希望利用常
見的食物、用簡單的烹煮方法，務
使各位準媽媽能夠有健康的身體、
強健的體魄、足夠的能量照顧孩子
及家庭，過着美滿幸福的生活。

吳佩賢
註冊護士、註冊中醫師

筆者早年畢業於伊利沙伯醫院護士
學校，獲註冊護士資格，並在伊利
沙伯醫院、政府專科門診及香港
眼科醫院工作多年，並取得澳洲
Monash University Bachelor of
Health Science (Nursing) 學位。
其後對中醫藥產生濃厚興趣，毅然
放下護理工作，進修中醫學，獲得
香港大學中醫全科學士，成為註冊
中醫師。筆者不斷進修，繼而取得
香港大學中醫學碩士、中醫疼痛學
深造文憑、中醫腫瘤學深造證書等
資格。平日酷愛烹飪，曾獲得伊曼
家政中心烹飪導師資格。

桑寄生蓮子雞蛋茶
Sweet Soup with Sang Ji Sheng and Lotus Seeds

材料 （1 人份量）

桑寄生	20 克
蓮子	10 粒
雞蛋	1 個
片糖	適量

(1 serving)
20 g Sang Ji Sheng
10 lotus seeds
1 egg
raw slab sugar

營養師話你知

雞蛋含有優質蛋白質，能提供脂肪酸、多種維他命 B、脂溶性維他命 A、D、E 和鐵質。另外蓮子含有植物性蛋白質、少量鈣質及礦物質。如有過重或血糖高者，應減少片糖份量。

做法 / Method

1. 雞蛋焓熟去殼，桑寄生及蓮子分別洗淨，備用。
2. 桑寄生放入茶包袋，用 4 碗水先浸 1 小時。
3. 大火煲滾上項材料後，加入蓮子再次煲滾，以中火煲 30 分鐘後，取出茶包，加入片糖及雞蛋，再煲 15 分鐘即成。

1. Boil egg and remove shell. Rinse Sang Ji Sheng and lotus seeds. Set aside.
2. Put Sang Ji Sheng in a tea bag. Soak with 4 bowls of water for 1 hour.
3. Bring (2) to boil over high heat. Add lotus seeds and bring to boil again. Turn to medium heat and simmer for 30 minutes. Remove Sang Ji Sheng. Add sugar and egg and simmer for 15 minutes. Serve.

中醫錦囊　桑寄生有補肝腎、強筋骨、袪風濕、安胎等作用，對婦女產後腰痛亦有療效。這款甜品有滋潤內臟、補血養顏的好處，男女老幼及孕產婦皆適合食用。

蘆筍炒牛肉
Stir Fried Beef with Asparagus

材料 / Ingredients ✿

牛肉	200 克
蘆筍	1 紮
蒜茸	2 粒
辣椒	1 隻

200 g beef
1 bundle asparagus
2 cloves garlic
1 chilli

醃料 / Marinade ✿

生抽	1 湯匙
糖	1/3 茶匙
紹酒	1/3 茶匙
胡椒粉	少許
油	1 湯匙
生粉	1 茶匙

1 tbsp light soy sauce
1/3 tsp sugar
1/3 tsp Shaoxing wine
pepper
1 tbsp oil
1 tsp caltrop starch

芡汁 / Sauce ✿

水	3 湯匙
蠔油	2 茶匙
糖	半茶匙
生粉	半茶匙

（拌勻）

3 tbsp water
2 tsp oyster sauce
1/2 tsp sugar
1/2 tsp caltrop starch
(mix well)

✿ **營養師話你知**
蘆筍含有葉酸，有助胎兒中樞神經正常發展。用易潔鑊以少油快炒，可保存其營養成分。

做法 / Method ♥

1. 牛肉切薄片，抹乾水分。加入醃料拌勻，待半小時。
2. 燒熱適量油，加入牛肉炒至八成熟，盛起。
3. 下油爆香蒜茸及辣椒，加入蘆筍快手炒透，加入芡汁煮滾，最後加入牛肉拌勻即可上碟。

1. Finely slice beef and wipe dry. Mix well with marinade and rest for 30 minutes.
2. Heat oil and stir fry beef until medium well. Remove.
3. Fry garlic and chilli with oil until fragrant. Add asparagus and quickly stir fry until cooked. Add sauce and bring to boil. Mix in beef and serve.

中醫錦囊 辣椒有開胃、祛寒、除濕作用,日常多作為調味料,用量宜少,少許辣味可刺激食慾,對懷孕初期食慾不振的孕婦有幫助。蘆筍有健脾益氣、滋陰潤燥作用,尤其適合孕婦食用,對於懷孕中後期出現的水腫及產後虛熱,有一定的療效。

番茄肉碎豆腐
Stir Fried Beancurd, Pork with Tomato

材料 Ingredients

番茄	2 個
免治豬肉	120 克
實豆腐	1 磚
青豆	1 湯匙
薑茸	1 茶匙
蒜茸	1 茶匙

2 tomatoes
120 g minced pork
1 cube hard beancurd
1 tbsp green peas
1 tsp grated ginger
1 tsp grated garlic

調味料 Seasoning

水	半杯
茄汁	3 湯匙
糖	1 湯匙
生抽	1 茶匙
鹽	半茶匙
生粉	1 茶匙

1/2 cup water
3 tbsp ketchup
1 tbsp sugar
1 tsp light soy sauce
1/2 tsp salt
1 tsp caltrop starch

醃料 Marinade

生抽	2 茶匙
糖	1/2 茶匙
生粉	1 茶匙
油	1 茶匙
水	1 茶匙
麻油	少許
胡椒粉	適量

2 tsp light soy sauce
1/2 tsp sugar
1 tsp caltrop starch
1 tsp oil
1 tsp water
sesame oil
pepper

做法 Method

1. 免治豬肉加入醃料待 10 分鐘。
2. 番茄洗淨切粒備用。
3. 豆腐抹少許鹽待片刻，抹乾水分，切粗粒備用。
4. 燒熱油鑊，將豬肉炒熟，盛起備用。
5. 爆香薑茸及蒜茸，下番茄兜炒，加入青豆、豆腐及調味料煮至汁稠，加入豬肉碎炒勻，盛起。

1. Mix minced pork with marinade and rest for 10 minutes.
2. Rinse tomatoes and dice.
3. Wipe beancurd with salt and rest for a while. Wipe dry and dice coarsely.
4. Heat oil in a wok and stir fry minced pork. Set aside.
5. Fry ginger and garlic until fragrant. Add tomatoes and stir well. Add green peas, beancurd and seasoning. Cook until the sauce thickens. Stir in minced pork. Serve.

營養師話你知 傳統實豆腐含石膏粉可提供鈣質，某些盒裝豆腐鈣質含量不高，選用前者有較高營養價值。

中醫錦囊 番茄又名西紅柿，有健胃消食、生津止渴作用，對懷孕初期食慾不振，有很好的療效。

生薑橘皮飲
Ginger and Dried Tangerine Peel Drink

生薑	4 片
陳皮	1/4 個
紅糖	適量

4 slices ginger

1/4 dried tangerine peel

brown sugar

1. 陳皮洗淨浸軟。
2. 在煲內注入 2 碗水，同時放入生薑與陳皮。
3. 以大火煲滾後轉用中慢火煲 10 分鐘，加入適量紅糖，倒進真空杯內焗片刻，隨時服用。

1. Rinse dried tangerine peel and soak until soft.

2. Pour 2 bowls of water into a pot. Add ginger and tangerine peel.

3. Bring to boil over high heat and simmer over medium low heat for 10 minutes. Add brown sugar. Pour the drink in a vacuum mug and rest for a while. Serve whenever desired.

中醫錦囊 陳皮有化痰健胃和止嘔功效；生薑有止嘔化痰、健胃消食作用，是傳統治療噁心嘔吐的中藥，有嘔家聖藥之稱。此飲品能舒緩妊娠初期噁心嘔吐、食慾不振等症狀。

34

薑汁鮮奶
Ginger Milk

材料 / Ingredients

鮮奶	1 杯
薑汁	1 茶匙

1 cup milk

1 tsp ginger juice

做法 / Method

鮮奶煮滾後加入薑汁即成。

Bring milk to boil and mix in ginger juice.

✽ 營養師話你知

鮮奶含豐富鈣質，如選用低脂或脫脂奶能減低脂肪、膽固醇及熱量攝取，而鈣質含量相若。

✽ 護士話你知

鮮奶雖含豐富營養，但如妊娠時或哺乳期飲奶過多，或會令嬰兒有致敏的機會。如家族史有敏感傾向，建議限制飲量。

中醫
錦囊

如喜甜食，鮮奶可加入適量白糖煮滾，然後再加入薑汁。牛奶有補虛強身、養血潤腸作用；薑汁能改善食慾。此甜品適合作為孕婦因嘔吐不能進食的輔助食療。

酸甜蘿蔔
Pickled White Radish

材料
Ingredients

白蘿蔔	1 斤	
紅辣椒	數隻	
鹽	2 茶匙	

600 g white radish

red chillies

2 tsp salt

糖醋汁料
Vinegar Sauce

白醋	1 1/2 杯	
白糖	1 1/2 杯	
水	1 1/2 杯	
鹽	1/2 茶匙	

1 1/2 cups white vinegar

1 1/2 cups sugar

1 1/2 cups water

1/2 tsp salt

做法
Method

1. 將糖醋汁料中的白糖加水煮滾至糖完全溶解，加入白醋及鹽，待涼備用。
2. 蘿蔔去皮後切粗條，紅椒洗淨，加入鹽醃 1 小時後，沖去鹽分，瀝乾。
3. 蘿蔔及辣椒放入糖醋汁浸泡。
4. 置雪櫃內保存，約可食用 2-3 天。

1. Mix water and sugar from the sauce ingredients. Bring to boil until sugar dissolved. Stir in vinegar and salt. Let it cool.
2. Peel white radish and cut into thick strips. Rinse red chillies. Marinate with salt for 1 hour, rinse off any salt and drain.
3. Soak white radish and red chillies in the sauce.
4. Store in refrigerator and serve within 2-3 days.

中醫錦囊

蘿蔔有開胃健食、舒緩嘔吐的作用,並有清熱、利尿、順氣等功效;醋有開胃、消食、養肝、強筋的作用;放入紅椒既可以減輕蘿蔔的寒涼,又可增進食慾,但不宜有脾胃虛寒或流產先兆的孕婦。

木瓜雪耳煲豬腱湯
Pork Shin Soup with Papaya and White Fungus

材料
Ingredients

木瓜	半個
急凍螺頭	2 個（中）
雪耳	1 朵
花生	半杯
豬腱	半斤
陳皮	1 塊

1/2 papaya

2 medium frozen conches

1 white fungus

1/2 cup peanuts

300 g pork shin

1 piece dried tangerine peel

做法
Method

1. 木瓜去皮切件。雪耳、花生和陳皮洗淨，浸至軟身。雪耳除蒂。
2. 豬腱及螺頭分別汆水。
3. 將適量水煲滾，除了雪耳，將所有材料放入，大火煲滾後用中慢火煲 1 小時，再加入雪耳煲半小時。加鹽調味即成。

1. Skin papaya and cut into pieces. Rinse white fungus, peanuts and tangerine peel. Soak until soft. Tear off the stalk of white fungus.
2. Scald pork shin and conches separately.
3. Bring a pot of water to boil. Add all ingredients except white fungus. Bring to boil over high heat, turn to medium low heat and simmer for 1 hour. Add white fungus and simmer for 30 minutes. Season with salt. Serve.

中醫錦囊　木瓜能解鬱熱；銀耳有滋陰潤肺、益胃生津效用。花生潤肺，此湯有滋陰潤燥功效，孕婦覺得燥熱時可多喝，也適合作為日常家庭保健湯水。

營養師　話你知　木瓜含胡蘿蔔素、碳水化合物及纖維素，胡蘿蔔素有助胎兒健康發育，糖尿患者要注意木瓜進食份量。雪耳含水溶性纖維，有助減低血糖及血脂水平。

瑤柱扒菠菜
Spinach in Dried Scallop Sauce

材料 / Ingredients

瑤柱	3 粒
菠菜	12 両
蒜茸	1 茶匙
薑茸	1 茶匙

3 dried scallops

450 g spinach

1 tsp grated garlic

1 tsp grated ginger

調味料 / Seasoning

鹽	1 茶匙
糖	1/2 茶匙

1 tsp salt

1/2 tsp sugar

芡汁 / Sauce

雞湯及浸瑤柱水	共 1 杯
生抽	1 茶匙
糖	1 茶匙
生粉	2 茶匙

（拌匀）

1 cup water from soaking dried scallop mixed with chicken stock

1 tsp light soy sauce

1 tsp sugar

2 tsp caltrop starch

(mix well)

做法 / Method

1. 瑤柱用暖水浸軟後撕開備用。菠菜洗淨，用熱水燙一下，盛起。
2. 燒熱適量油，放入蒜茸、菠菜及調味料，炒至熟透，上碟。
3. 再次燒熱油，放入薑茸、瑤柱及芡汁料煮滾至黏稠，將汁料淋在菠菜上即成。

1. Soak dried scallops with warm water until soft. Tear into shreds. Rinse spinach, blanch and remove.
2. Heat oil and stir fry garlic, spinach and seasoning until cooked thoroughly. Dish up.
3. Heat oil. Cook ginger, dried scallops and the sauce together until thickened. Top spinach with the sauce. Serve.

中醫錦囊 菠菜有養血、止血、補血、利腸通便功能；瑤柱有滋陰補腎之效。此菜式有滋陰養血、預防便秘作用。菠菜頭根部切開後可用來煲瘦肉湯，實行一菜兩食。

紅蘿蔔燜牛肋條
Stewed Beef Ribs with Carrots

牛肋條 1 斤
紅蘿蔔 1 條
番茄 1 個
洋蔥 半個
蒜頭 4 粒
香葉 2 塊
茄膏 半罐

600 g beef ribs
1 carrot
1 tomato
1/2 onion
4 cloves garlic
2 bay leaves
1/2 can tomato paste

鹽 1 茶匙
糖 1 湯匙
鮮醬油 1 湯匙
水 4 杯

1 tsp salt
1 tbsp sugar
1 tbsp soy sauce
4 cups water

1. 牛肋條汆水 5 分鐘，取出切件。
2. 紅蘿蔔、洋蔥及番茄切角。
3. 燒熱油，爆香蒜頭、茄膏，放入牛肋條和其他材料炒香，加入調味料煮滾。
4. 以中慢火燜煮約 1.5 小時至牛肋條腍軟即可。

1. Scald beef ribs for 5 minutes. Cut into pieces.
2. Cut carrot, onion and tomato into wedges.
3. Heat oil and fry garlic, tomato paste until fragrant. Add beef ribs and remaining ingredients. Fry until fragrant. Add seasoning and bring to boil.
4. Stew over medium low heat for about 1.5 hours, until beef ribs softened.

中醫錦囊　紅蘿蔔有補血、養肝明目、健胃消食作用；牛肉有健脾養血、益腎健骨之效。此菜式能養肝健胃、補血及強壯身體。

烏豆塘虱魚湯
Catfish Soup with Black Beans

材料 ∗ Ingredients

烏豆	2 両	
塘虱魚	1 條（約 10-12 両）	
去核紅棗	10 粒（普通大小）	

75 g black beans

1 catfish (about 375-450g)

10 red dates (pitted, regular-sized)

做法 ♥ Method

1. 塘虱魚請魚檔代劏後，回家放在大熱水中燙一燙取出，身上的潺便會自動剝離，再洗淨魚身。
2. 黑豆放入白鑊中炒至豆衣裂開。
3. 將以上所有材料放入滾水中，以大火煲滾後轉中慢火煲約 1.5 小時，加鹽調味即成。

1. Let the fishmonger gut and dress catfish for you. Scald with boiling water for a while to remove the slime over skin. Rinse catfish.
2. Fry black bean in a plain wok until the skin breaks open.
3. Bring a pot of water to boil and add all ingredients. Bring to boil over high heat, turn to medium low heat and simmer for 1.5 hours. Season with salt. Serve.

中醫
錦囊

烏豆有活血利水、滋陰補血、安神明目的功效；塘虱魚能
養血、滋腎。此湯水補血作用強，可作為婦女妊娠中後期
貧血食療。

鯽魚赤小豆煲冬瓜湯
Crucian Carp Soup with Winter Melon and Red Rice Beans

材料
Ingredients

鯽魚	1 條
赤小豆	2 両
冬瓜	約 1 斤
薑	2-3 片

1 crucian carp
75 g red rice beans
600 g winter melon
2-3 slices ginger

做法
Method

1. 赤小豆用清水先浸半小時。
2. 冬瓜連皮洗淨備用。
3. 鯽魚洗淨，抹乾水，煎至兩面微黃。
4. 將適量清水放入煲內，水滾後加入上述材料，大火煲滾後轉中火煲 1.5-2 小時即成。

1. Soak red rice beans for 30 minutes.
2. Rinse winter melon (with skin). Set aside.
3. Rinse crucian carp, wipe dry and fry both sides until slightly browned.
4. Bring a pot of water to boil. Add all ingredients and bring to boil over high heat. Turn to medium heat and simmer for 1.5-2 hours. Serve.

護士話你知
水腫是妊娠血毒症的症狀之一，如果水腫嚴重，須求醫確定成因。

中醫錦囊 鯽魚能健脾益氣、利水、通乳；赤小豆有利小便和消腫功效。此湯水利水消腫，可作為妊娠中後期出現下肢浮腫、以致腳足踝周圍腫脹的食療湯水。鯽魚和鯉魚兩者皆有利水消腫作用，可以鯉魚替代鯽魚。然而，根據民間經驗，鯉魚屬於發物，凡有皮膚過敏性疾病、皮膚濕疹及支氣管哮喘等應該忌吃，亦不宜與綠豆同吃。

西芹炒肉絲
Stir Fried Celery and Pork

材料 / Ingredients

瘦肉	200 克
西芹	240 克
洋蔥	半個
薑	1 片

200 g lean pork
240 g celery
1/2 onion
1 slice ginger

醃料 / Marinade

生抽	1 湯匙
糖	1/2 茶匙
麻油	少許
胡椒粉	少許
生粉	1 茶匙
油	1 茶匙

1 tbsp light soy sauce
1/2 tsp sugar
sesame oil
pepper
1 tsp caltrop starch
1 tsp oil

芡汁 / Sauce

水	3 湯匙
蠔油	1 茶匙
生抽	1 茶匙
糖	少許
生粉	半茶匙
（拌匀）	

3 tbsp water
1 tsp oyster sauce
1 tsp light soy sauce
sugar
1/2 tsp caltrop starch
(mix well)

做法 / Method

1. 瘦肉切片，加醃料拌匀，醃 10 分鐘。
2. 洋蔥切角，西芹切段。
3. 煮滾適量水，加入少許鹽，放入西芹飛水，盛起。
4. 下適量油，把肉片炒至 8 成熟，盛起。
5. 燒熱適量油，爆香薑片，放入洋蔥炒透，加入西芹及芡汁煮滾，最後加入肉片炒至熟透即成。

1. Slice lean pork, mix well with marinade and rest for 10 minutes.
2. Cut onion into wedges; cut celery into sections.
3. Boil water and add salt. Blanch celery. Remove.
4. Fry pork with oil until medium well. Remove.
5. Heat oil and fry ginger until fragrant. Add onion and fry thoroughly. Add celery and sauce and bring to boil. Stir in pork until well done. Serve.

護士話你知

孕婦有時血壓上升，是妊娠血毒症的其中一個症狀。如果上血壓（收縮壓）高於 140，下壓（舒張壓）高於 90，便應諮詢醫生。

中醫
錦囊
西芹能平肝清熱，有降壓醒腦之效。洋葱化痰降壓，此菜式可作為懷孕高血壓的食療。

玉子蝦皮蒸豆腐
Steamed Egg with Dried Shrimp and Beancurd

材料 ✻ Ingredients

布包豆腐	1 件
雞蛋	2 個
蝦皮	2 湯匙

1 pc cloth-wrapped beancurd
2 eggs
2 tbsp small dried shrimps

調味料 ✻ Seasoning

鹽	半茶匙
油	1 茶匙
胡椒粉	適量
水	2 倍雞蛋份量

1/2 tsp salt
1 tsp oil
pepper
water (double amount of the eggs)

芡汁 ✻ Sauce

水	5 湯匙
蠔油	2 茶匙
生抽	1 茶匙
生粉	1 茶匙
（拌勻）	

5 tbsp water
2 tsp oyster sauce
1 tsp light soy sauce
1 tsp caltrop starch
(mix well)

做法 ♥ Method

1. 蝦皮洗淨，用清水浸 15 分鐘，瀝乾備用。
2. 豆腐先用少許鹽搽勻，待片刻，抹乾水分，放在碟中，切細粒。
3. 雞蛋拂勻，加入調味料拌勻，倒入盛着豆腐的碟內。
4. 待水滾後，隔水用中慢火蒸雞蛋至半凝固時，灑上蝦皮，蒸至完全凝固後取出。
5. 將芡汁煮滾，淋於蝦皮上即成。

1. Rinse dried shrimps and soak for 15 minutes. Drain.
2. Wipe beancurd with salt and rest for a while. Wipe dry, put on a plate and dice.
3. Whisk eggs and mix in seasoning. Pour onto the beancurd.
4. Steam (3) with medium low heat, until half set. Garnish with dried shrimps and steam until cooked.
5. Bring the sauce to boil and dress on top.

✻ 營養師話你知 豆腐及蝦皮含豐富鈣質，這食譜也能為孕婦提供蛋白質。

中醫錦囊　蝦皮開胃健脾，豆腐有清熱解毒、生津潤燥、益脾和胃作用，適合懷孕中後期的孕婦食用。豆腐含石膏成分，有治胃熱的療效。不妨買豆腐花回家，淋上豉油熟油，即成為孩子們非常喜歡的餸菜，健康美味的食物可以順道幫孩子們清熱氣，一舉兩得。

綠豆煲老鴿湯
Pigeon Soup with Mung Bean

材
料 綠豆　　　　　1 両
　 老鴿　　　　　1 隻
❋ 陳皮　　　　　1 角

Ingredients

38 g mung beans
1 mature pigeon
1 small piece dried tangerine peel

做
法 1. 綠豆洗淨後用清水浸半小時。
　 2. 陳皮浸軟。
♥ 3. 老鴿汆水。
　 4. 將所有材料放入適量滾水內，煲滾後轉中慢
Method 　　火煲 1.5 小時即成。

1. Rinse mung beans and soak for 30 minutes.
2. Soak dried tangerine peel until soft.
3. Scald the pigeon.
4. Bring a pot of water to boil. Add all
   ingredients and bring to boil. Turn to
   medium low heat and simmer for 1.5 hours.
   Serve.

❋
營 話 老鴿含較高脂肪，煲湯前宜去除老鴿
養 你 的皮層和肥膏，飲用時撇去湯面油層。
師 知

76

中醫錦囊　綠豆有清熱解毒、消暑利水功效；白鴿能補腎益氣、祛風解毒。這是一道有祛胎毒作用的湯水，適合懷孕中後期食用。對個別孕婦來說，綠豆較滑利，加入了陳皮，可減輕綠豆的涼性。這亦是民間常用以防治小孩出痘瘡的湯水。

黑芝麻豆漿
Sesame Soy Milk

材料
Ingredients

純黑芝麻粉　　　2-3 茶匙
豆漿　　　　　　1 杯

2-3 tsp black sesame powder
1 cup soy milk

做法
Method

將黑芝麻粉加入豆漿中即成。

Mix black sesame powder with soy milk. Serve.

營養師話你知

豆漿鈣含量不高，加入黑芝麻可增加鈣質，此外可考慮採用加鈣豆漿，也是理想的鈣質來源之一。

中醫錦囊

黑芝麻有補肝、益腎、潤腸功效，能清胎毒，幫助排清宿便，有利嬰兒推出產道及有助產作用。豆漿有清熱解毒、利尿的作用。

白蓮鬚糖水
Lotus Stamen Sweet Soup

材料
Ingredients

白蓮鬚	3 錢
雞蛋	1 個
冰糖	適量

11 g lotus stamen

1 egg

rock sugar

做法
Method

1. 雞蛋煮熟去殼。
2. 白蓮鬚洗淨。
3. 煲內注入適量清水，凍水放入白蓮鬚。
4. 以大火煲滾後轉中慢火煲 15 分鐘，加入雞蛋，再煲 15 分鐘。
5. 加入冰糖，煲至糖完全溶解即成。

1. Boil egg and remove shell.
2. Rinse lotus stamen.
3. Put lotus stamen in a pot of cool water.
4. Bring to boil over high heat, turn to medium low heat and simmer for 15 minutes. Add egg and simmer for 15 minutes.
5. Add rock sugar and cook until dissolved. Serve.

中醫錦囊 白蓮鬚是蓮花的花蕊，有固精止血功效、補腎解胎毒作用。此糖水可助產及祛胎毒，最理想是在孕期 32 週後開始，每星期服一次，臨產前一個月，每週可服 2 次。

準爸爸的準備

迎接新生命的來臨，必然會令家人親友感到興奮莫名。大家都會熱心地提出各種意見，無論在飲食、起居習慣等，你一言、我一語，這些過度的關心難免會令孕婦感到心煩。這時候，作為丈夫的你應該保持鎮定，和太太一同商量產前檢查、分娩方式及將來照顧寶寶的理念，取得共識。以下是其中一些丈夫在太太懷孕期間可以提供的協助，丈夫的支持最能舒緩準媽媽的不安和疑慮。

初期

- 未來可能須為安排產前檢查而請假，應預早和上司聯絡協調
- 替太太搜集資料
- 陪太太一起進行產檢、聽產前講座
- 幫忙分擔家務，讓太太有足夠的休息
- 太太可能很累、胃口不佳，即使精心為她準備好食物，也可能會吃不下，遇此情況請嘗試保持忍耐
- 一起計劃新生活

中期

- 太太懷孕已較穩定，可安排多一些戶外活動，舒展身心
- 跟太太一起進行適量的產前運動，如飯後散步、游泳等
- 跟太太傾談，聆聽了解她的需要，若太太較喜歡和女性朋友傾談，鼓勵她建立更強支援網絡
- 很多太太因體形的改變而悶悶不樂，你可多讚美及保持幽默感，令太太保持輕鬆的心情
- 不要拿太太與別人比較，尤其是嬰兒的大小，只要檢查證實穩定的成長便安心接受
- 為太太按摩肚皮及雙腿，有助增加血液循環，舒緩水腫問題
- 因太太腹部愈來愈大，須替太太修剪腳甲
- 可參加孕婦按摩班，替太太按摩肩背，增進二人的感情

後期

- 陪伴太太選購嬰兒用品，因香港購物非常方便，而且崇尚環保，很多家庭都會交換用品，這不失為一個好的選擇，並能結交更多朋友
- 為陪產做準備，跟太太一起了解分娩過程
- 太太開始為分娩感到緊張，並影響睡眠及心情，你需要包容及理解
- 安排各人的角色，如膳食、清潔家居、嬰兒照顧
- 將有用的電話貼在當眼地方：外賣店、家庭醫生、兒科醫生、醫院電話、其他熱線電話，如母乳餵哺熱線等

入院

- 安撫太太情緒，準備入院用品或手續，有時需要安排其他家人朋友幫忙
- 如太太已有陣痛，保持鎮定，你的情緒會影響太太，因此不要太緊張，可陪伴太太一起進行呼吸運動，攙扶太太慢行，待陣痛過後一起放鬆
- 準備暖袋熱敷下腹或下腰
- 保持幽默感、輕鬆談笑，令她暫時忘卻陣痛，但不要太囉唆，太多詢問會令她覺得煩擾

產後

- 多陪伴、多聆聽
- 多讚美、多微笑
- 能屈、能伸
- 作太太的「代言人」，發放照片、通知親戚朋友
- 因為很多時都專注在嬰兒身上，所以須緊記先關心太太，例如記着每天問好、不要只顧着問嬰兒的情況

產前按摩～無言的關愛

觸撫法是按摩最基本和最天然的技巧，好處是幫助血液暢順地在血管中流動，肌肉從而得到放鬆，改善水腫情況，舒緩緊張情緒。懷孕婦女因荷爾蒙和胎兒成長而引致不適，情緒不安，丈夫雖難以感同身受，但若可透過按摩鼓勵太太，定能有助舒緩她的不適。

- **輕微腳腫**
  懷孕常見的問題，除了休息時把雙腿提高，丈夫可用雙手從腳面往上推至膝蓋，沿小腿肌肉返回腳掌；如是者重複數次，有助改善小腿腫脹。
- **腰背酸痛**
  因胎兒成長和姿勢改變，使腰椎間受壓力，產前運動和側臥可舒緩不適。側臥增加胎盆血液流量，更可提供足夠營養給胎兒。丈夫也可作背部按摩：雙手從腰部往上推至膊胳，然後沿身旁返回腰部，放鬆腰背間肌肉。
- **手部腫脹**
  除分娩前，也會出現在懷孕期間，原因是血液和淋巴循環受阻。丈夫可用手掌承托太太的手掌，用姆指輕輕按摩兩旁手腕骨，還可用姆指以打圈方式按摩手背。

按摩除了舒緩不適、幫助放鬆，也能表達對太太的關心、體貼和安慰，從而增進彼此的溝通，夫婦感情會更親密。

輕鬆分娩

大部分婦女在分娩前夕，即使是經產婦，疑慮和不安是在所難免的，當中必然包括分娩時的痛楚。幸好，隨着醫學科技的進步及護理服務的改善，醫院的婦產科醫護人員會運用很多不同的方法舒緩產婦的痛楚，讓她們輕輕鬆鬆地渡過分娩。以下是其中一些例子：

一個大波波

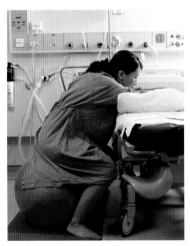

當分娩陣痛時，產婦可坐在分娩球上作搖動的運動，隨意地向前後左右搖擺，目的是：

*   減輕陣痛
*   放鬆繃緊的肌肉
*   此外，垂直的坐姿、盤骨的角度、和嬰兒的重量亦有利縮短產程

有小部分產婦不適合採用分娩球，如：高血壓、心臟病、多胞胎、胎盤前置或不穩定的胎位，產婦宜諮詢醫生意見。

奇妙的香薰之旅

氣味是人類感官的另一個境界，而由大自然植物所提煉的精油（凡稱香薰）具有奇妙的功效，並已廣受重視。透過精油的香氣，就能舒緩身心，甚至改善免疫系統。

用於分娩時的精油都經過小心挑選，使用的方式多為直接吸入和按摩兩種，如將精油滴在清潔紗布上，放在產婦身旁，或夾在她的衣服上。按摩則使用經稀釋於植物油的精油進行身體按摩，舒緩陣痛帶來的痛楚不適和緊張。腰、腳底、腳部、臀部、小腿等部位亦可作局部按摩。

雖然每次都只是用幾滴精油，但是對產婦來說效果是可貴的，從產婦用後的分享裏，就有以下回應：

「它的芳香，使我鬆弛下來，產痛也相對較易應付。」

「在我極痛的時候，我感到芳香陪伴着我，不是只有痛，很好啊！」

「它代表了醫護人員們對我們的關懷，使我感受到溫暖和支持。」

按摩：減痛，釋放緊張情緒的良方

在眾多非藥物性舒緩痛楚方法中，按摩治療確是一項既可減輕痛楚、亦能釋放緊張情緒的有效方法。按摩治療的好處：

- 增加體內分泌荷爾蒙內啡肽 (endorphin)，從而減輕產婦感受陣痛的程度
- 舒緩緊張及焦慮的情緒
- 刺激子宮收縮從而縮短產程時間
- 改善肌肉柔韌性及靈活性
- 促進血液循環

按摩收、放跟產婦的需要、呼吸、子宮收縮的規律、接受程度順勢而行。理想的按摩環境應燈光柔和、寧靜、溫度適中、私隱度高。注意每位產婦可接受按摩程度各有不同，有的不想在子宮收縮剛開始時被按摩，有的認為按摩觸碰對她造成不安及滋擾。因此，按摩者（助產士或陪產人士）必須在治療前詢問清楚產婦需求以達到最佳效果。按摩部位通常是肩膊、背部、手部及腳部。

- **肩膊按摩**

  按摩者將手置於產婦肩膊上，並輕拍肩膊，亦可慢慢往下拍至手肘位置，又或可以用姆指於肩胛位置以打圈方法按摩。當中須記緊隨着產婦呼吸情況保持節奏性，及可加少少力度於疼痛部分。

- **手部及腳部按摩**

  按摩者可輕拍產婦手部及腳部位置，以舒緩其緊張焦慮情緒。

- **背部按摩**

  於第一產程早期時，按摩者可用手掌按摩及輕拍產婦脊骨兩旁肌肉，由肩膊下至臀部。須注意要用整隻手掌，手指必要完全貼服在背上按摩位置上，以感受產婦疼痛緊張肌肉的情況。當進入第一產程後期時，子宮頸開得較多，可用手跟於脊骨尾端位置加少少壓力以減輕後期宮縮引起之下背痛，亦可用姆指以打圈方式於相同位置按摩。

非藥物性舒緩減痛方法愈來愈普及，無論用何種方法，其最終目的都是希望產婦可在生產過程中得到舒緩及放鬆情緒，從而令產婦有一個感覺良好的生產經驗。

個案分享

此個案的主人翁黎太是一位低風險的初產婦，妊娠 40 週，因見紅、陣痛入院。

第一天：產前護理房

入院後，黎太訴說着因腰酸背痛、陣痛等引致晚上難以入睡。針對着黎太的不適，以香薰作伴的生產之旅從此刻展開。

治療計劃

香薰油：

- Lavender 薰衣草 (Lavandula angustifolia) 1 滴 （效用：對失眠有幫助）
- Ginger 薑 (Zingiber officinale) 1 滴 （效用：可舒緩肌肉疼痛、僵硬）
- 以 10 毫升葡萄籽油稀釋，稀釋度為 1%

治療方法：

- 腰背按摩

  用已調配的香薰油在床邊替黎太作腰背按摩約 10 分鐘，她隨即感到昏昏欲睡，香薰奇效立竿見影。當下囑咐黎太，於晚上睡前可持續使用剩下的香薰油塗抹於手足上，引領她進入甜蜜夢鄉。

第二天：產房

第二天早上，黎太精神抖擻，並感覺宮縮愈見頻密，經產科醫生檢查後，宮頸已擴張至三公分，產程已正式展開。黎太被送往產房接生室內待產。黎生亦安排在旁陪伴。由於黎太陣痛變得頻密，所以鎮痛、安撫緊張情緒是刻不容緩。

治療計劃（一）

香薰油：

- Lavender 薰衣草 (Lavandula angustifolia) 3 滴（效用：鎮靜、止痛、舒緩緊張情緒）
- Mandarin 蜜柑 (Citrus reticulata) 3 滴（效用：舒緩焦慮情緒、壓力）

治療方法：

- 吸入法
  將以上兩種香薰油滴在紗布上並固定在黎太生產袍的領邊，令香薰油的氣味飄入體內。黎太獨愛這氣味，頓時感到心曠神怡。黎太走進這奇妙的香薰之旅，緊張情緒頓然全消，從容面對其生產之旅。

治療計劃（二）

香薰油：

- Lavender 薰衣草 (Lavandula angustifolia) 1 滴（效用：鎮靜、止痛、加強子宮收縮）
- Chamomile Roman 羅馬洋甘菊 (Anthemis nobilis) 1 滴（效用：鎮靜、鎮痛）
- 以 10 毫升葡萄籽油稀釋，稀釋度為 1%

治療方法：

- 腰背按摩
  因為陣痛是持續並逐次地增強，故按摩的時間亦需較長才能發揮香薰油的效用。幸好黎生在旁陪產，即時指導他如何替太太按摩作支持安慰，並不時體貼入微地詢問太太效果如何。夫妻倆在此關鍵時刻互慰互勉，整個接生室內洋溢着既溫馨又芬芳馥郁的香氣。

這 4 種香薰油的協同效應，配合黎生的悉心按摩，黎太在 4 小時後自然分娩，將一位可愛、健康的嬰兒安全帶到世上。短短的香薰生產之旅亦隨之完滿結束，黎太在過程中充滿幸福、快樂的回憶。

我的胎兒正常嗎？

令孕婦憂慮的重要因素之一是胎兒是否正常，尤其是有家族史的，會更為擔心。先天異常的平均比率是 3%，包括染色體問題、結構缺陷及遺傳病。相對應的篩查是唐氏綜合症篩查、結構超聲波檢查及地中海貧血篩查。

唐氏綜合症篩查

一站式唐氏綜合症篩查在 11 週至 13 週進行，包括：

*   超聲量度胎兒頸皮厚度
*   抽血驗兩種指數
*   再加入孕婦的年紀計出一個風險值

如屬於高風險，可以考慮新科技無創產前檢測胎兒 DNA。至於選擇哪一種檢查，通常是經過諮詢，由醫生護士詳細講解每樣檢查的好處和缺點，澄清孕婦的憂慮和疑問，然後作出一個孕婦可接受的選擇。

結構超聲波檢查

一般在 20 至 22 週進行。檢查各主要結構，包括頭、腦、臉、脊骨、心臟、肺、肚、胃、腎、膀胱、手腳等是否正常。常見的異常包括裂唇、腦積水、心臟病、腎積水等。

如懷疑胎兒有異常，會盡快做詳細結構異常超聲波檢查。如有需要，會加照胎兒心臟超聲，或三維 / 四維超聲。「三維超聲」可提供多平面或連續平面模式，有利於診斷裂唇、裂腭及其他異常；「四維超聲」可觀看胎兒的動作和心臟活動。

檢查後，醫生會確診是哪一種異常及其範圍，評估嚴重性及出生後的健康狀況。如有需要的話，會聯同資深護士和相關專科醫生，如：小兒心臟科、外科一起與孕婦及丈夫商討，使他們更瞭解胎兒情況及治療方法，作出適當的選擇。

地中海貧血篩查

此項篩查是抽血檢驗紅血球體積是否細小，如不幸有此情況，會再抽取孕婦和丈夫的血液作進一步化驗。如兩夫婦都是同型（甲或乙）地中海貧血，胎兒有四分之一的機會患上嚴重地貧，確診需要抽絨毛或抽羊水。此外詳細超聲波也可排除嚴重甲型地貧。

以母胎醫學來治理特別的病例

• 如肺積水、肺囊腫、貧血等情況，導致胎兒水腫或有生命危險的跡象顯示，宮內治療如抽吸積液、插入導管分流、輸血給胎兒都是一些拯救胎兒的可行方法。

• 如雙胞胎其中一個是異常而有機會影響正常的一個，減胎術可保持後者繼續成長。

• 雙胎輸血症是單絨毛雙胎的一種嚴重併發症，激光治療可以凝固胎盤上有問題的相通血管。這些高科技的手術通常都是由受過母胎醫學訓練的醫生處理。

以上所述的產前篩查、診斷及宮內治療都是屬於母胎醫學，它是產科重要的一環。近年在臨床及研究方面發展迅速，加強胎兒的護理，更早更清楚知道胎兒的問題，有助於降低產期死亡率和發病率。

如何面對胎兒異常情況

婦女在懷孕期間會接受超聲波檢查，如唐氏綜合症篩查和 20 週結構超聲波。無論是早期或中孕期的檢查，施行中都有機會遇到胎兒結構異常的情況。頸項透明層增厚是早期超聲波檢查常見的胎兒結構異常情況，而 20 週結構超聲波的異常範疇則比較廣，例如心臟結構異常、兔唇、畸形腳等等。當夫婦遇到胎兒結構異常的時候會感到巨大的壓力和憂慮。此時，醫護人員會作出以下應對：

• 即時輔導夫婦，細心聆聽他們的憂慮，給予抒發情緒的空間

• 詳細解答夫婦提出的疑問，並提供所需的資料

• 將個案轉介專科醫生團隊跟進

• 如有需要，在妊娠及分娩後繼續跟進，或轉介臨床心理專家關顧

隨着科技進步，有問題的嬰兒大多可得到適切治療，而結果亦比從前大為改善。此外，父母亦可在社區得到相關的互助組織支援。縱使道路有時難行，但有同路人相伴，會更有力前行。

怎樣協助孕婦渡過抑鬱難關？

婦女在懷孕時因身體變化感到不適，或未能掌握胎兒發展及生產過程，會出現忐忑不安與恐懼，甚至情緒低落；當嬰兒出生後亦會因激素的變化令情緒下滑，尤以身體疲勞、傷口疼痛、照顧嬰兒欠缺經驗和初期餵哺母乳未能即時適應等因素，亦會影響其情緒。

如何協助孕婦避免抑鬱：

* 首要是做好懷孕的心理準備
* 接受產前檢查及教育，減少對生產的恐懼及避免無謂的憂慮
* 家人要有敏銳的觸覺，留意產婦的情緒變化
* 盡量傾聽她的心聲、了解其需要，又或者只是輕輕按摩她的雙手、給她按摩肩膊，已能使她情緒得以放鬆。此時便可深入了解她的需要、給她安慰
* 不論晝夜，如能稍有優質睡眠，也可驅除身體疲累，減輕分娩不適
* 起居飲食，有賴家人代勞
* 到公園、超市逛逛，到空氣清新的地方走一趟，抓緊與丈夫獨處的機會，彼此互訴喜悅和煩憂
* 盡早安排適合的人選協助照顧嬰兒，如：陪月員、家傭或親友等，使產婦有足夠時間休息
* 出院初期減少外人探訪，讓她在寧靜環境下專心休養及照顧嬰兒
* 在「坐月」後期，產婦可逐漸回復正常活動
* 接觸其他父母分享育兒經驗

綜合中、外國家的產科統計數據，得出以下發現：

* 50% - 70% 的新任媽媽會出現情緒波動。通常在產後 3 - 5 天出現，例如情緒不穩定、易哭、煩躁、失眠等。幸好大部分婦女經過適量休息及各方的支持下，會逐漸不藥而癒。

- 約 10% - 20% 的媽媽出現產後抑鬱，即在分娩後連續兩星期或以上出現情緒低落。抑鬱情緒包括：焦慮、恐懼、失眠、易哭、對嬰兒缺乏興趣、處事消極、甚或有自殘或傷害嬰兒之念頭。這些抑鬱情緒必須盡快處理，以免影響產婦、嬰兒及家庭的健康。

丈夫及家人的關懷和產前的周詳計劃，均有助預防新任媽媽產後出現抑鬱。另外，透過熱線電話服務、向醫護人員諮詢、健康院的專科指導，甚至急症室即時協助等，均能讓產婦得到適時的專業輔導及照顧，盡早渡過抑鬱難關。

產後重要、奇妙的一刻
～ 出生後的即時肌膚接觸～

寶寶出生後能即時和媽媽肌膚相親是很重要的。那關鍵的第一小時對於穩定嬰兒、預防感染、促進健康、全腦開發都有着莫大的影響力！

產後母嬰的即時肌膚接觸，有着以下的重要性：

- 有保暖作用，令嬰兒的呼吸、心跳及血糖更穩定
- 安靜、穩定嬰兒
- 有助親子關係建立，促進腦部發育
- 讓嬰兒接觸母體身上的正常菌叢，減少感染
- 減少母親產後出血的機會
- 嬰兒比較容易順利哺乳
- 初乳可促進胎糞排泄，降低新生嬰兒黃疸的程度

當新生兒在產後立刻放在母親的胸部，皮膚貼着皮膚時，他們會展現驚人的能力。在母親溫柔撫摸下，他們可以蠕爬，找到乳房，並用小手溫柔地接觸乳房，刺激母親釋放催產素；接着，慢慢用嘴舔母親的乳頭，最後含上乳房開始吸吮。這對母嬰而言，絕對是奇妙的一刻。

產後母嬰護理事件簿

新任媽媽的產後護理

產婦分娩後的護理對於新任媽媽的生理及心理康復，有着重要的影響，不容忽視。以下的產後護理要點，有助消除新任爸媽及家人們的疑慮，舒緩產後的心理壓力，確保產婦的身心健康。

＊傷口護理

- 自然分娩的產婦可以自行清潔會陰傷口，每次如廁後以清水沖洗，然後印乾，換上新的衛生巾。
- 至於剖腹分娩，於術後醫生會以紗布密封傷口，傷口宜避免沾水，直至醫護人員會因應傷口情況而教導產婦傷口護理。

✱子宮復舊

- 產後子宮會慢慢回復至未懷孕時的大小,並逐漸移入骨盆內。其間會出現陣陣的下腹痛,程度有如月經來時,但如有持續疼痛,應盡快求醫。

✱惡露

- 隨着生產完畢,胎盤脫落後,子宮排出來的新陳代謝物稱為「惡露」。初期惡露量較多,呈鮮紅色,約持續一週;隨後會漸轉為淡紅色,約持續兩週;最後轉為淡黃 / 白色至漸漸減退,大約產後三至六週便會排淨。剖腹產婦排出惡露量比陰道分娩的產婦少一些及時間較短。
- 當產婦起床或轉換坐立姿勢時,陰道可能突然湧出多些惡露,這大多是正常現象,產婦不用擔心。如果惡露明顯增加,又或有很多血塊流出,帶有惡臭,就應立即就醫。

✱乳房護理

- 產後首 2-3 天乳房未會有很大變化,分泌少量濃濃的初乳。其後數天,會出現脹奶,乳房出現一些小硬塊,有一點壓痛。
- 產婦應帶上有適當承托力的胸圍、保持個人衛生。
- 母乳餵哺的產婦應持續餵奶,以令乳汁隨寶寶的需求調整產量。

✱腳腫

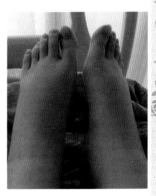

- 婦女產後雙腳水腫的情況頗為常見,多屬於生理性,在產後短期內會自行消失,不必治療。
- 症狀不嚴重者只要調整一些生活作息即可,如穿上彈性襪、飲食清淡、不吃太刺激的東西等。
- 如果水腫情況持續或伴隨其他症狀如頭痛、腰痛等,應即往見醫生。

✱排便

- 不少媽媽因擔心傷口裂開而不敢用力排便,而且在產褥期活動較少、蔬果進食不足,都會影響排便功能。
- 以下是一些舒緩方法:
  ✱保持放鬆,有「便意」立即去洗手間
  ✱記着傷口並不會輕易因過度用力排便而裂開
  ✱多進食全穀類食物,幫助排便
  ✱飲充足的水分
  ✱多散步,幫助腸道的蠕動
  ✱若便秘情況持續應通知醫生,他們會處方合適的藥物幫助排便

＊恢復月經

- 沒有哺乳的婦女，月經通常在分娩後四至六週出現。

- 若餵哺母乳，視乎每天餵哺的次數和嬰兒年紀，約在停止餵奶一個月後。

- 即使產後未有經期，如有性行為，夫婦仍須採用可靠的避孕方法。產後檢查一般安排在六至八週後進行，也是適宜恢復性生活的時候。

＊產後情緒問題

- 約有半數產後婦女會感到情緒低落，通常在產後 3-5 天出現，主要原因是荷爾蒙影響及角色轉變，產婦會易哭、煩躁，丈夫及家人應給予關懷及支持，症狀數天內自會減少。

- 但有約 10% 產後婦女會受產後抑鬱影響，在產後六星期至一年內發生，甚至有產後精神病，當然這種情況相對罕見。如果情況嚴重或持續，便應盡快向醫護人員尋求協助。

初生嬰兒常見情況及護理

小寶寶誕生後，新任父母承受的壓力，與面對一場戰鬥無異。尤其是首次當父母的，在照顧初生嬰兒時，顯得手足無措是最正常不過的事。嬰兒的一個噴嚏、一下打嗝，都足以教爸爸媽媽擔心不已。

其實，一切緊張、惶恐都是源於「不了解」。隨着育嬰知識和「實戰」經驗的增加，新任父母對寶寶的了解增多，信心自然會慢慢建立起來。

產婦要照顧最愛的寶寶、要適應家庭中的新成員，加上自己身心上亦有很多的變化，感到有壓力是正常的。但當看着熟睡的小天使嘴唇微翹、彷彿在微笑的可愛面容，就是最溫馨美妙的情景。

＊打噴嚏

- 由於嬰兒的鼻黏膜比較敏感，因此較容易受空氣中的微生物和塵埃所刺激而作出身體反應「打噴嚏」，是正常的表現。

＊掃風

- 初生嬰兒會有嘔奶的問題，是因為嬰兒的胃與食道之間的賁門（胃部入口）發育未成熟。正確地掃風，可減少飲奶後嘔吐而導致嗆喉窒息的機會。（掃風方法參考 P.171）

✳ 打嗝

- 嬰兒的打嗝是因為橫膈膜突然用力收縮所造成，是很常見的情況，一般很短的時間過後便會停止，這是對嬰兒無害的。

✳ 臍帶護理

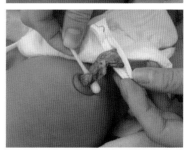

- 嬰兒出生後，臍帶是用一個臍帶夾紮緊，臍帶起初是半透明的，很快就變乾。通常會在一至兩星期內脫落，脫落時可能有些滲血，只要流血不多，就沒有問題。
- 每天沐浴後，應用沾濕了涼開水的棉花棒清潔臍帶底部，因底部有較多分泌物，每抹一次，便要更換一支新的棉花棒，直至臍帶底部完全清潔為止。
- 如分泌較多，每天可增加清潔次數到 2-3 次，以保持臍帶的清潔及乾爽。

✳ 新生嬰兒黃疸

- 新生嬰兒的肝臟仍未發育成熟，未能迅速處理人體內紅血球經正常分解後會產生的膽紅素，讓其積存在體內，形成「生理性黃疸」。嬰兒的皮膚及眼白會有發黃現象，黃疸在第三天出現，第六天慢慢自然消退，但亦有部分須留院接受光線治療。
- 但若膽紅素急劇上升，就有可能進入腦細胞，造成「核黃疸」，導致失聰、弱智、痙攣，甚至死亡。因此出院後，必須及早預約帶嬰兒往附近母嬰健康院接受檢查。

✳ 假月經

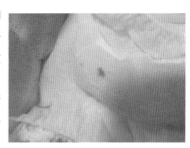

- 「假月經」是因為女嬰在母親體內時，受母親體內的雌激素（即女性荷爾蒙）影響，令她的陰道上皮及子宮內膜增生，在出生之後母親的雌激素中止，引致女嬰陰道有少量流血現象。
- 如有這情況出現，毋須驚慌，只要保持寶寶的外陰清潔，假月經大約 2-3 天就會自然停止，除非血量過多或者日程過長，否則並不需要特別治療。

嬰兒沐浴須知

- 準備毛巾、衣服、尿片、棉花、白開水（用以清潔臍帶及眼睛）

- 在盆內先放凍水，後加熱水，用手肘試水溫

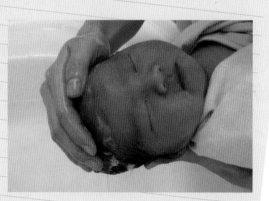

- 包穩嬰兒，先弄濕頭，再用手把洗頭水搓成泡沫來洗頭髮，可用手指頭輕輕按摩髮根

- 洗頭後，抹乾頭髮，脫去包裹嬰兒的毛巾，準備洗身

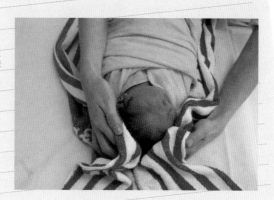

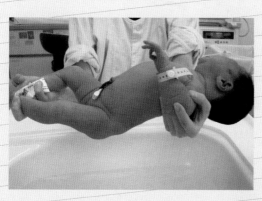

- 用手抓穩嬰兒對外的肩膀及雙腳，放入水中

- 嬰兒會哭或擺動身體，洗澡時一定要用一隻手抓緊嬰兒的肩膊，水深到嬰兒上腹部

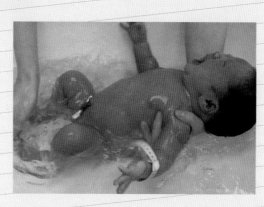

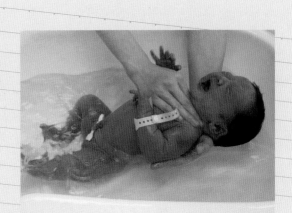

- 清洗好頸項、手臂、生殖器官及
  身體各部分

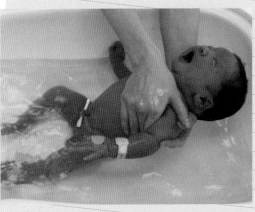

- 要留意皮膚的摺疊位，清洗乾淨

- 若要將嬰兒反轉身，應先用雙手掌
  交疊抓穩肩膊，將嬰兒固定好，才
  把他反轉身來洗背部

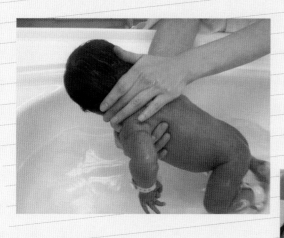

- 固定後洗背部，須留意嬰兒的臉不可放得太低

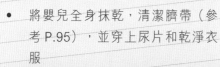

- 將嬰兒全身抹乾，清潔臍帶（參考 P.95），並穿上尿片和乾淨衣服

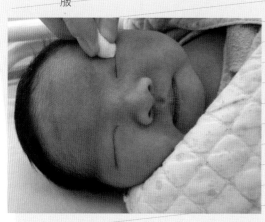

- 用白開水弄濕棉花球清洗眼睛，從眼內側抹向外側拭抹，以防眼疾交叉感染

嬰兒的啼哭

除了張口伸舌表示要找吃之外，初出生的嬰兒最常用的自我表達方式就是啼哭，這是他們的本能反應。但初為人父母聽到嬰兒的哭聲難免會感到緊張，並且打擾睡眠。寶寶為甚麼哭呢？是餓了還是不適？怎樣安撫才能令寶寶安靜下來呢？

嬰兒啼哭的原因有時很明顯，通常都是循生理上的需要入手，如尿濕、肚餓、太冷或太熱等。而有些時候，要找出啼哭的原因較困難，例如寶寶感到孤獨、需要陪伴、覺得厭煩、衣服太緊、外界刺激過多、生病等。而這些心理及情感需要的表達（哭聲）則常被忽略，而處理方法有時和家人照顧寶寶的理念有所矛盾。

「嬰兒的第二晚」

「嬰兒的第二晚」(Baby's second night) 現象就令很多餵哺母乳的媽媽很難熬過。這現象經常發生在寶寶出生一天之後，常見表現是：媽媽餵哺後以為寶寶睡着了，但一放下寶寶就哭，要張口再食，然而讓寶寶靠近乳房後就會滿足及睡着，或是吸啜乳房很久才入睡。總之就是無法把寶寶放下睡覺。這時媽媽常會懷疑自己的奶水不足，加上白天要招呼親友，令睡眠不足的自己，很容易在此時開始添加第一次奶粉，「放棄」全餵哺母乳。

其實這現象是可以解釋的：

- 並非與肚餓或是「乳汁不夠」有關，而是嬰兒不成熟的腦部受到過度外界刺激後的調節適應行為。
- 另一學說是初生嬰兒是較多需要晚上餵哺，這正好配合媽媽身體晚上分泌較多「催乳素 Prolactin」的設計。如晚上能多餵哺，媽媽上奶就更多了。
- 通常在產後第三天左右，媽媽會有「上奶」或「谷奶」的情況，若能堅持熬過頭 48 小時全母乳，順利全餵哺母乳的可能性會大大增高！
- 類似「嬰兒的第二晚」情況有可能會延續到第三至五晚，或繼續發生。當嬰兒環境有明顯變化時，例如白天到醫院或健康院檢查，或者是大群親友到訪，嬰兒當晚就會哭鬧、難安撫。

處理方法：

- 減少訪客，爭取休息。晚上按寶寶的覓食反應餵奶。
- 應讓嬰兒貼近母親，或讓嬰兒和母親有多一點肌膚接觸，這會讓寶寶安心與平靜。

「百日哭 Three-month colic」、「肚子痛（俗稱肚風）」

出現「百日哭」的原因不明，意指健康的嬰兒在第二個星期後，每天在相同的時間（大多在傍晚）不停地哭啼 1-3 小時。嬰兒會放聲大哭，同時會把雙腳縮起或扭動身體，無論父母如何安撫，他仍是哭過不停。這現象常會在寶寶 3-4 個月大時慢慢消失。

處理方法：

- 觀察寶寶以排除生病，例如不願吃奶、肚脹或經常嘔吐等。
- 用手在孩子肚上順時針方向輕輕按摩，這樣能幫他較容易將肚內的屁屁排出。而且輕柔的按摩能舒緩寶寶的緊張情緒。
- 抱近寶寶，有節奏地輕輕搖動：讓嬰兒伏在父母的肩膀和胸膛，垂直地抱着他輕輕地搖晃或踱步，漸漸將動作減慢，直至孩子靜下來。但切記不要太用力搖晃嬰孩，以免發生「搖盪嬰兒綜合症」的嚴重意外！
- 盡量嘗試滿足孩子吸吮的需要。吸吮不但能安慰嬰兒，還能給他安全感。可考慮給寶寶吸吮至安靜下來。
- 你若已盡力安撫嬰兒，並且確信他們的啼哭或行為並無異常或生病，則可放在嬰兒床上。放鬆一下，也讓自己的情緒也舒緩下來。隔幾分鐘再望望寶寶，讓他知道有人在關心他。或讓可信任的家人或朋友來幫忙照顧一會。

抱抱會把孩子「寵壞」？

父母及家人常問，時常抱嬰兒會否把孩子「寵壞」。其實孩子的氣質、性格各有不同。人是需要有情感的依附及需要關愛的。父母可觀察、了解自己孩子的特質，合宜的抱抱、「錫錫」能令孩子感到溫暖、被接納並促進腦部發展。

產後運動

產後身體肌肉、關節會慢慢回復懷孕前的狀態。但適量的運動能加快康復及避免產婦因照顧嬰兒而勞損。

產後運動的好處

- 加速體態恢復及機能活動
- 強化會陰肌肉，以防止小便失禁
- 防治因照顧嬰兒而帶來的勞損
- 促進血液循環，增進食慾

產後運動注意事項

- 正常分娩後，可在第二天進行產後運動
- 剖腹產的母親，要先徵詢醫護人員或物理治療師後，才可開始進行
- 運動時間毋須過長，每天 2-3 次，而每種運動約做 10 次，量力而為，保持平常的呼吸
- 如有困難請向醫護人員或物理治療師查詢

會陰肌肉運動

- 和產前所做的動作相同，可盡早做
- 增強會陰肌肉的肌力及控制力，預防小便失禁及子宮下垂現象
- 仰臥、屈膝、雙腳分開，收緊會陰、肛門及尿道口肌肉，像忍大小便般，維持三至五秒然後放鬆
- 此運動可於坐着、站立或配合日常生活進行

腰部及腹部運動

- 有助增強承托力，加強背肌，減輕或預防腰背痛

- **動作（一）**
  仰臥、屈膝，呼氣及收緊腹部，將腰部弧位壓平貼着床

- **動作（二）**
  仰臥，將雙膝屈起緊貼，收緊腹部，腰部壓平貼着床，然後慢慢轉動腰部，使右膝的外側盡量靠貼床。返回中間休息。重複向左邊轉動，使左膝的外側盡量靠貼床。過程中須保持背部緊貼着床。

- **動作（三）**

  仰臥、屈膝，收緊臀部及腰部肌肉，雙手平放身旁，將臀部撐高至腰背平直，稍停，慢慢放下臀部。

- **動作（四）**

  雙手撐直，雙膝貼在地板上，收緊腹肌，將背部向上拱，然後慢慢放平背部。

- **動作（五）**

仰臥、屈膝、雙腳合併，收緊腹部，將盤骨後轉及腰部壓平貼着床，抬起頭及肩部至肩部剛離床，雙手及膝，稍停，慢慢躺下。此動作可同時收緊腹部和加強背部肌肉。

- **動作（六）**

仰臥、屈膝、雙腳合併，收緊腹部，將盤骨後轉及腰部壓平貼着床，抬起頭及肩膊，用肩部帶動，使右肩對着左膝方向，用雙手觸摸左膝外側，稍停，慢慢返回原位。重複向右轉，使左肩對着右膝方向，用雙手觸摸右膝外側，稍停，慢慢返回原位。

如有任何疑問，請向醫護人員查詢。

參考資料：衛生署家庭健康服務部婦女健康網上資訊

認識母乳餵哺

現在很多媽媽都選擇餵母乳，因為知道只有母乳能夠為寶寶提供全面的營養、抗體的保護，並能促進身體重要器官發育成熟。只要媽媽能夠在起步時克服一些絆腳石，加深了解，持之以恆，定能順利實行全母乳餵哺。

餵哺母乳的好處

母乳是被公認為最天然、健康和美味的嬰兒食品。世界衞生組織 (WHO) 及聯合國兒童基金會 (UNICEF) 均提倡以全母乳餵哺初生嬰兒直到 6 個月大。在約 6 個月大後，漸漸引進半固體食物。與此同時，幼兒仍應繼續餵哺母乳至 2 歲或以上。餵哺母乳對嬰兒、母親和社會都有多方面的好處：

嬰兒

- 母乳是有生命力的食物，成分會隨着嬰兒的成長及環境自動調節營養比例
- 特別針對早產嬰兒，母乳會有較多 DHA 和 ARA，補充先天性之不足
- 容易消化和吸收
- 母乳含豐富抗體、活細胞和抗感染物質，能提昇嬰兒免疫力，減低受感染、患病的機會
- 增強神經系統，促進腦部及眼部的發育，令孩子更聰明
- 減低嬰兒出現紅疹或對牛奶敏感的機會
- 減少過度肥胖
- 嬰兒更有滿足感及安全感
- 新鮮、溫度適中
- 初生幾天，乳房生產的黃金乳液 ——「初乳」更是寶寶極珍貴的免疫劑，能保護寶寶免受感染

母親

- 幫助子宮收縮，減少產後出血
- 降低母親罹患乳癌、卵巢癌症及骨質疏鬆的風險
- 促進親子關係
- 幫助消耗體內的脂肪，加速回復窈窕身材
- 省時、省事、省錢

社會

- 母乳是一種珍貴的物源，一種自給自足的食品，餵哺母乳可間接減少污染、保護環境
- 減少嬰兒患病的醫療開支
- 減少購買奶粉的開支

餵母乳的預備

生理方面

- 保持均衡飲食，吃有營養而新鮮的食物
- 不必特別按摩乳房

心理方面

- 多閱讀有關哺乳的最新資料
  ＊國際母乳會 http://www.lll-hk.org/
  ＊香港母乳育嬰協會 http://www.breastfeeding.org.hk/
  ＊台灣母乳會 http://www.breastfeeding.org.tw/main/main.php
- 與家人一起參加講座，爭取支持
- 生產後首數週要花較多時間休息、哺乳及了解嬰兒需要。要有信心、決心及耐性，不要遇到困難便放棄

餵奶的正確姿勢

要成功以母乳餵哺你的寶寶並持之以恆，正確的姿勢是十分重要的。因為必須保持姿勢正確，才可確保不會令母親造成乳頭破損、不適，而且嬰兒亦能吸吮到足夠的乳汁。母親可用各種姿勢及位置來餵哺孩子，但必須舒服、自然。

正確銜吮的重點

- 嬰兒與母親身貼身，嬰兒下巴貼乳房
- 嬰兒雙唇張大外翻，深深含在乳暈上，下唇比上唇多含乳暈
- 吸吮時，嬰兒臉圓漲
- 有深而慢的吸吮動作
- 乳頭不應破損、疼痛

正確的位置及姿勢

- **擺放嬰兒要點**
  - ✳ 嬰兒的腿及身體應緊貼母親，嬰兒不要包太多的衣服，避免造成母嬰之間的阻礙
  - ✳ 嬰兒不應扭着頸，頭和身應成一直線
  - ✳ 嬰兒面向乳房，鼻尖對着乳頭
  - ✳ 嬰兒的面是微微仰上，不應向下
  - ✳ 要承托嬰兒整個身體

- **扶托乳房**
  - ✳ 手指要盡量遠離乳暈
  - ✳ 不應用乳房遷就嬰兒，而是將嬰兒貼近乳房
- **餵哺技巧**
  - ✳ 用乳頭輕碰嬰兒的**上唇**。待他的口張至最大時，立刻將嬰兒送向乳房。他應含着大部分乳暈，而不是單咬着乳頭
  - ✳ 吸吮位置正確，是不會令乳頭受損的
  - ✳ 如果要暫停餵哺，可輕放手指入寶寶口中，使口鬆開，以免產生吮痛

✕

✕

✓

常用的餵哺姿勢

- **橫臥式**（＊適合初生及早產嬰兒）
  - ✳ 嬰兒的頭和身體呈一直線
  - ✳ 將嬰兒抱得非常貼身，要承托臀部
  - ✳ 嬰兒的鼻尖對着乳頭
  - ✳ 嬰兒食穩後，扶托嬰兒肩頸的手可離開，放回舒適位置
- **搖籃式**
  - ✳ 最常用的姿勢

- **欖球式**
  - ＊ 把枕頭放在腰側，承托嬰兒至合適的高度
  - ＊ 嬰兒挾於母親腋下，面向母親
- **側臥式**
  - ＊ 母親宜用較高的枕頭，方便觀察嬰兒
  - ＊ 用捲起的大毛巾或枕頭承托背部，雙腿之間放一個枕頭
  - ＊ 嬰兒放在床上，鼻尖對着乳頭
  - ＊ 可用毛巾捲放在嬰兒背部，固定嬰兒的位置
- **後躺式**
  - ＊ 母親後躺約 30 - 40 度，嬰兒放在媽媽胸上
  - ＊ 媽媽要用多些枕頭或毛巾承托頸、手，用手輕抬嬰兒臀部

餵哺時間

- 母乳容易消化和吸收，每天平均會有 8 - 12 次的進食
- 讓寶寶盡量吸吮，不用限定吸吮時間
- 當他覺得滿足時，便會自動放開口

吸吮乳房的次序

- 嬰兒出生頭三天，需要吸吮兩邊乳房來刺激乳汁分泌
- 隨着乳量增加，因前段的乳汁水分高，後段則脂肪含量高，讓嬰兒吸吮一邊乳房至很鬆軟，才轉換另一邊。下次由較脹滿的一邊乳房開始餵哺。

餵哺母乳 Q&A

每位新任媽媽在授乳期間都會遇到很多困難及挫折，只要多向有經驗的人或醫護人員請教，找人替你分憂，當你對餵哺母乳有更深的了解，加上恆心及堅持，必定能夠成功！以下是關於餵哺母乳最多人關注的問題：

Q：乳房大小和乳量有關嗎？
A：沒有關係。乳房大小是與脂肪及纖維組織有關。乳量是取決於嬰兒的吸吮次數和吸吮是否正確。

Q：初乳是否足夠？
A：初乳是十分濃縮的，是嬰兒最早的免疫劑。份量不多，但已足夠嬰兒所需，但要靠嬰兒

吸吮正確才能取得。讓寶寶張大口吸吮，密密吸吮，寶寶便可得到足夠的乳汁；之後第三、四天，上奶情況便會愈見理想了。吃到初乳的嬰兒會排放很多胎糞。

Q：怎樣知道寶寶有否吃飽？

A：看寶寶吃奶時有沒有大口吞嚥的動作；母親的乳房變得柔軟；寶寶在吃完母乳後會自動離開乳房，之後會有約 1-2 小時安靜時間；觀察尿片：5 天或以上大的嬰兒，一天約有 2-3 次大便，6 次濕透的尿片，小便顏色清晰、微黃。

Q：又餵人奶，又加奶粉，可以嗎？

A：絕大部分母親都有足夠乳汁，加添奶粉會帶來不良影響：嬰兒減少吸吮次數，乳汁會減少；令自己失去信心，愈加倚賴奶粉；增加嬰兒敏感的機會；奶咀會令嬰兒產生「乳頭混淆」，令他錯誤地吸吮乳頭，使乳汁排放不清，更甚是令乳頭受損或抗拒吮乳頭。

Q：乳頭痛及破損怎樣辦？

A：造成這現象最常見的原因是嬰兒吸吮不當，嬰兒沒有把大部分乳暈含入口中，如不盡快處理會使乳頭破損。預防及處理乳頭破損的方法：

- 確保嬰兒吸吮方法正確
- 當嬰兒正在吸吮時，不可強行拔出乳頭
- 不要過早用奶瓶，至少等孩子三週大後才使用
- 如有破損，不必停止哺乳，可先餵哺沒受損的乳房，讓破損位置盡快復原
- 每次餵奶後，用乳汁塗在乳頭上，讓其自然風乾
- 如乳頭嚴重破損，可暫停直接餵奶 1-2 天，期間每 2-3 小時將母乳擠出，放入小杯內來餵嬰兒，待乳頭癒合後盡早恢復餵哺
- 如乳頭疼痛持續，加上乳房也有劇痛，應讓醫護人員檢查

Q：吃母乳要掃風嗎？

A：仍建議媽媽在餵哺後為寶寶掃風，以免嘔奶。如掃不到風，可將嬰兒的頭微側向一邊睡覺，以防吸入嘔出的奶。

Q：夜間餵奶有什麼好處？

A：分娩後應該好好休息，跟餵夜奶像是互相矛盾，但初生媽媽的母性保護往往很強，令她總想守護、照顧寶寶，反而睡得不寧。有些母親夜間不給嬰兒餵人奶，試圖以奶粉餵吃，讓嬰兒安靜睡覺。但其實對嬰兒不好，亦很影響奶量。夜間造乳的荷爾蒙分泌較多，晚上哺乳，可使嬰兒吃到更多母乳及幫助維持乳量，這對於上班的母親尤為重要。夜間餵奶還可幫助避孕。夜間餵奶時，可選擇側躺的姿勢，使母親有更多休息的機會。

Q：母親生病或服藥時是否可以繼續哺乳？

A：絕大部分可以，母親身體會產生抗體來對抗疾病，這些抗體也會經乳汁來增加嬰兒的抵抗力。如要服藥，應先告訴醫生您是在餵母乳，他便會提供適合哺乳用的藥物。即使母親是乙型肝炎帶菌者，由於經餵母乳而受感染的機會不高，加上新生嬰兒出生後已立刻接種乙型肝炎球蛋白疫苗及預防疫苗，所以可以餵哺母乳。母親貧血也不會影響餵母乳，因母乳的品質基本是不受母親身體狀況影響的。

Q：嬰兒出現黃疸怎麼辦？

A：最常見是「生理性黃疸」，這些黃疸是在出生後3天便發生，是新生嬰兒正常的生理過程，因嬰兒的肝臟未夠成熟來處理紅血球分解後的膽紅素。輕微的黃疸是不會對嬰兒造成損害的。母親應繼續餵哺，毋須用奶粉代替。反而應增加餵奶次數，約2小時餵1次（因初乳有輕瀉作用），可幫助膽紅素經糞便排出，或可以在餵奶後再擠出乳汁，用小杯給寶寶額外餵食。若有疑問，可前往母嬰健康院或醫院檢查，以查明黃疸成因，並應按時覆診。

Q：餵哺母乳要戒口嗎？可以飲奶茶、咖啡、飲酒、吃魚生嗎？

A：餵哺母乳的媽媽一般是不用戒口的。只要是不太濃烈的奶茶、咖啡都可飲用。如要進食薑、酒及其他補品時，先由清淡和少量開始，如母親及嬰兒沒有不良反應，才增加進食份量。食物最重要是衛生、新鮮。世界各地的美食都可享用。

Q：增奶食物可信嗎？

A：這些食品可能有某程度的輔助作用，但總歸最重要還是讓嬰兒密密的吸吮！尤其是初生首數週。

一個第一胎的失敗例子

一位身材瘦削的媽媽第一胎首兩週努力實行全母乳餵哺。嬰兒大、小便都足夠。只是兩星期後，嬰兒開始吃完奶不睡覺，容易醒。家人開始懷疑她是否夠奶，慫恿她餵完奶後，開瓶奶粉給嬰兒，試看他會否再飲。果然，嬰兒吃了一安士多奶粉。媽媽心裏頓時不安。

過兩天，這位媽媽刻意3小時不餵母乳，再用一個專業型的奶泵把奶泵出來，看看自己有多少乳汁。經過大半小時，失望地，她只能得到不夠兩安士的乳汁。似乎證據確鑿了，的確是自己不夠乳汁啊！頓時信心全失！

自此以後，她便餵完人奶再加添奶粉。結果人奶是愈來愈少，不到上班前，奶量已少得令她想停止餵哺母乳了。上班後，和有經驗的同事分享，才知道她有兩大誤解：

- 嬰兒即使吃飽母乳，有東西放入口中，他仍是會吸吮的。
- 奶泵不能測試出乳房的奶量，尤其是在有心理壓力下，「噴奶反應」受遏制，奶會出得少。

這位媽媽很懊悔呢！

當她生了第二胎，她專心一致的以母乳餵哺，每天數數寶寶有 6 片以上濕透的尿片，每次到健康院磅重，嬰兒都有穩定的增長，她雖然餵奶餵得很密，但卻信心十足。因寶寶的重量給她最確實的定心丸。

各位新任媽媽：你也可以懷着自信，堅持以母乳餵哺你的寶寶哦！

黃金乳液：初乳

初乳是母親在生產後首三天內所產生的乳汁，當寶寶出生後，胎盤剝落，早在體內製造的初乳便會被釋放出來。這些乳汁有「黃金乳液」的美譽，取自其獨特的金黃顏色和極少的產量。

初乳中的細胞因子 (Cytokines) 會令「口咽相關淋巴組織」 (OFALT System) 內的免疫抗體起刺激作用，提昇抗體來抵禦感染，為新生嬰兒提供抑菌、殺菌、抗病毒和調節免疫保護。尤其是對於極早產 (Extreme Prematurity) 和極低出生體重 (Extreme Low Birth Weight - ELBW) 的嬰兒，他們在出生後的頭一個星期內處於非常脆弱的階段，初乳提供的免疫功能發揮着極其重要的保護效用。

初乳口腔護理 (Colostrum Oral Care)

Dr. Rodriguez 及她的團隊在 2008 年所發表的一篇理論文章中，提倡早產或極低出生體重的嬰兒以母親初乳進行「口腔護理」。目的是希望能提昇他們的免疫功能，減低因先天性不足的因由而產生的種種併發症，例如：細菌感染或致命的「新生兒壞死性腸炎」(Necrotizing Enterocolitis — NEC)。

顧名思義，「初乳口腔護理」是用初生嬰兒母親所擠出的初乳（大約 0.2 毫升）來塗抹嬰兒的口腔。除了實質的免疫功能，口腔護理更注滿了母親和嬰兒滿足感的元素。「初乳口腔護理」能促進母乳餵哺，提昇母乳餵哺率，從而增進親子關係，增加母親持續哺乳的信心。

對於極早產、極低出生體重的嬰兒來說，「初乳口腔護理」不單提昇了他們的免疫力、減低感染率，同時也能促進他們的腸臟蠕動、增強吸收能力、縮短靜脈營養療程，即使在不准飲食期間也能享受母乳的滋味，直至達到完全母乳餵哺。

媽媽不夠奶的常見原因

自古以來，人類的嬰兒都靠母乳生生世世地延續下去；時至今日，不夠奶是一般媽媽放棄餵哺母乳的主要原因。

經常有媽媽來問我：「為甚麼我喝了那麼多湯水，還服用了多奶丸和多奶茶，還是不夠奶？」我會反問她：「妳每天餵奶的次數有 8-12 次或更多嗎？期間你有補餵奶粉嗎？」她們都回答說餵奶次數不夠 8-12 次和有補餵奶粉。喝了湯水，湯水並不會直接跑到乳房變成乳汁，這種錯誤的觀念常常害了媽媽，令她們錯過上奶的黃金期，天天都喝幾碗湯，焦急得一天等一天，但奶量卻不增反減。

事實上我們的身體需要記錄嬰兒的吃奶量，才會生產足夠的奶水，但這個記錄是怎樣產生的呢？嬰兒每次在乳房吸吮的時候，吸吮刺激會傳送到腦部，因而產生奶水，嬰兒吸了多少奶，媽媽的身體便會記錄下來，為下一餐奶作準備。如果補了奶粉，乳房便會失去造奶記錄，不知道應該生產多少奶水。換句話說，寶寶直接在乳房正確地吃奶，吸出的奶水愈多，媽媽身體製造的奶水便會愈多。

若然媽媽要奶水夠寶寶吃，必須堅持按照寶寶的需要餵奶，即是產後每天餵奶最少 8-12 次（有些媽媽甚至需要餵 12-18 次），這是保證有足夠奶水的不二法門，隨着奶水增多和寶寶漸漸長大，吃奶的次數會漸漸地減到 10 次以下。另一方面，家人亦要支持媽媽餵「夜奶」，因為這是保持奶量充足的重要關口。無餵「夜奶」是很多媽媽上奶少的原因。如果媽媽知道產奶的機制，放鬆自己，安排適當的照顧及作息，加上毅力和堅持，開首困倦的日子會慢慢過去，數星期後便開始享受哺乳的樂趣。

準媽媽做好心理準備，跟家人和照顧者商討坐月期間的照顧和分工，勤力地餵奶，奶水自然增多，因為一個女性的泌乳能力可以餵養 2 個或以上的幼兒，所以只要有信心，遇到問題的時候即時求助，便可確保有足夠的母乳養育我們的寶寶。

余婉玲（Maggie）
國際認證母乳顧問

筆者育有兩名女兒，均是以母乳餵養。指導母親以母乳餵養已經 17 年，曾到訪世界各地探討不同的母乳餵哺文化，積極在不同的領域推動母乳餵哺的工作，並在香港和國內經常舉辦母乳餵哺培訓課程，學員包括陪月員、母乳指導員、催乳師和醫護人員等，具有針對解決哺乳難題的豐富經驗。重視母子之間連結的重要性，認為母乳餵哺是親子情的開始而且終生受益。

由於我對BB曾經留院留下很大的陰影，所以BB出世後頭幾個月，除了親自埋身餵BB，每當BB睡着的時候，會再用電動泵奶器泵奶以刺激乳房增奶。同時每天不斷飲很多木瓜魚湯、很多水。有時因為怕不夠奶，會額外再飲催奶茶、煲花生奶等。

時間一天一天地過，回想當初的日子真的很累，每當感到累時便用「別人得我都得」及「關關難過關關過」等話來激勵自己。當初如果沒有我先生的支持與堅持，以及學堂姑娘後期的跟進與指引，我想我已放棄餵哺母乳了。兒子快要一歲半，回想他很少有大病，不禁覺得即使餵食母乳會令人感到很累，但絕對是值得的。

黎嘉敏女士
第一任媽媽、第一屆母乳學堂成員

爸爸的心聲

太太在2011年12月證實懷孕，因為2012年是龍年，這一年會有很多嬰兒出生，幸好鄰近的政府醫院有位，我們不需要四處尋找。

醫院提供的多個產前課程中，我最感興趣的是母乳餵哺。人類世代以母乳餵哺孩子，這是非常簡單和自然的事，我們也可以為孩子做同樣的事，加上在電視上看到有關奶粉供應不足、質量和價格高昂等報道，我們當下便決定以母乳餵哺孩子，免卻要為奶粉的問題而苦惱。我們參加了醫院一系列的母乳餵哺課程，學習餵母乳的方法，當中一些有經驗的媽媽和我們分享。此外，課程中還讓我們學到了一些傳統的中國菜式，如用黑糯米酒煮雞、用木瓜煲魚湯等。我們結識了很多同期懷孕的夫婦，大大增強了我們日後以母乳餵哺孩子的信心。

2012年9月，我們的寶寶Nathan出生了！分娩後太太立即以母乳餵哺他，他滿足的表情使我和太太都感到欣慰。我提醒太太每隔兩個小時密密地餵他一次。另外，也給太太預備了母乳餵哺的提示卡，讓她能記得餵養寶寶的過程。最初幾天，寶寶都很貪睡和痛懶，提不起勁吃奶，也很少笑。護士會經常檢查寶寶，所以一切都很順利，太太和孩子很快便出院。

回到家裏，發生了令我們驚訝的事情——到母嬰健康院檢查後，發現寶寶體重輕了過多！醫生建議寶寶留醫，直到體重回升為止。在醫院時，太太一天只可以直接餵哺兩次，但我們都希望寶寶可以多吃母乳，於是我們用奶泵泵奶，增加寶寶吃母乳的份量。幸好第二天寶

寶的情況穩定了，可以出院回家了。經過這次後，我們發現寶寶在餵哺的過程中很容易睡着，他需要不斷被刺激、提醒。有時候，我會搔他的耳朵或腳底，使他不易睡着。此外，我也會準備木瓜湯幫忙太太增加奶量。

三個月後，寶寶生長得十分健康，也停止了夜間餵哺。經過一夜，寶寶顯得很餓，大口大口的吸吮，使我們都感到滿足。六個月後，他開始進食固體食物，但我們並沒有打算停止餵哺母乳，因為寶寶跟太太已經有一套親密的餵哺習慣，他十分享受吃奶的過程。一年後，寶寶可以進食大部分固體食物，但仍然繼續吃母乳。

現在寶寶已經十八個月大，他仍然很享受吃母乳的過程，母乳使他十分健康地成長。他很少病，幾乎是同年紀小孩中最高的一個，我和太太都為此感到高興！我建議準父母同樣以母乳餵哺為目標，雖然過程中會遇到困難，但看着寶寶一天一天健康快樂地成長，一切都值得！想到餵母乳對嬰兒長遠的好處及重要，初起步時的困難，你們都一定可以克服的！

孔穎達先生
第一任爸爸、第一屆母乳學堂成員

一位媽媽對「初乳口腔護理」和「袋鼠抱」的感想

看着寶寶你，才跟手掌差不多大、體重不足2磅，全身插滿喉管、針孔處處。厚厚的棉條包裹着你小小的手腳。滿身的電線，因為箱邊不同種類的儀器「叮叮噹噹」響過不停而掙扎，爸爸媽媽擔心不已。我們的心只想給予最好的東西幫助你，庇姑娘的指導下我也努力象出「母乳」給寶寶，這是最好的營養。透過「初乳口腔護理」與寶寶親密接觸，就像餵奶給你一樣親切。第一次把棉花棒放進你的咀內，你張開咀巴不停地吸啜，微小的動作也令我的眼淚不停地湧出。那一刻真的很感動，同時也帶給我力量為你繼續製造母乳，希望你從每天的口腔護理中增強抵抗力，身體漸漸地進步。

庇NICU時，你的情況反覆、時好時壞，我們的心情也像坐過山車一樣大起大跌。我就起勇氣嘗試「袋鼠抱」，希望能給你安全感，抱起你、心貼心，真真正正感受到你的呼吸及心跳聲，眼淚自然地流下來，這種感覺就像你仍在我身體內活動着，知道你勇敢地生存着，一天一天地長大起來。每天「袋鼠抱」時看見你睡得特別甜，呼吸也明顯進步，同時奇怪的是乳房也會漲、甚至漏出乳汁來，它好像知道你的需要，母子互相擁抱的交流暖庇心頭。

你從出世，小小的身軀便經歷那麼多痛苦，但仍然努力不懈，我們也要努力，做個堅強及勇敢的媽媽爸爸，保護和愛錫我家的小寶寶。

「口腔護理」和「袋鼠抱」可給予寶寶直接的支持和鼓勵，希望各位爸爸媽媽也要繼續努力呀！

彭淑芬女士
第一任媽媽

119

給早產兒最好的禮物

我的女兒在23週3日出世，當時體重只有460克（一磅左右），體形嬌小如一罐可樂般大而已。女兒住院222日（七個幾月），終於在2013年12月12日可以回家。雖然如此，我仍然可以自豪地告訴大家：「由BB出世至現在，一直都是純母乳餵哺」。現在女兒已經有實齡五個多月大了。2013年5月4日，肯定是我一生中最難忘的日子，也是我人生中一個重要的轉捩點。

卜卜……卜卜……（陣痛愈來愈強烈，幸好BB的心跳聲仍在）產科李醫生對我說：「太太，如果可以，忍耐多一下才生，兒科醫生嚟緊！」我心想（像，一定要忍耐多一陣，BB快要出世了，兒科醫生未到，一定要忍耐，但是實在肚痛難忍）。我說：「醫生，唔得啦，要生啦！」由於BB個子太細小，一陣子，就感覺到BB「擦過」就出世了，姑娘報告了出生時間……

再沒有聽到監察儀器的BB心跳聲，也沒有聽見BB的笑聲，只有我的笑聲……自BB出世後，醫生姑娘立刻去搶救BB，直至兒科醫生姑娘到達，加入搶救，插喉，送入NICU。除了笑，心裏再只有祈求着：「BB，你要堅強，出世了，來到這個世界，你要靠自己了，你要加油努力俾心機地走下去！」

BB被送到NICU，姑娘安排丈夫陪伴着我，直至送到產後房，他要離開回家了，回家前去NICU看一看BB，我相信丈夫第一眼看到BB，心裏再一定是緊緊的（BB剛出生的那張絕密照片，丈夫一直收藏着，直至九月，我才第一次看到），醫生跟丈夫說：「先生，BB在23週3日出世，重460克，現在情況仍然嚴重。」

我被送往產後房後，絕對睡不着，腦子裏只在想着，隔鄰床的BB不停在笑，而自己的BB就生死未卜，我又怎能睡！只懂笑泣，為何？為何BB要那麼早出世？其實我本身也是醫護人員，早產是常見，但那樣早產，六個月也不到，真的從來沒有想過會發生在自己身上。對於母乳的好處，我是絕對了解和認同的；對於母乳餵哺，本人也是絕對支持的。在BB未出世前，已打算把這最寶貴的禮物送給BB——純母乳餵哺，但是以我BB現在的情況，隨時有生命危險，我真的應該開始嗎？（我竟然在猶豫）

　　終於天亮了，眼裏總有淚水，情緒也比較負面，心裏總在想：「為何會是我？我甚麼也做不到。」突然有一位護師跟我說：「太太，早晨，BB在兒科？有無試過用手擠奶？可以開始試一下。」（這位護師猶如一位天使般出現在我眼前，雖然到現在我都不知妳是誰，但是真的感謝妳）。在她的鼓勵下，我開始用手擠奶，真的，一擠已見到有初乳了，當其時的我，已興奮得立刻跳下床，並說：「姑娘，真的有初乳！有沒有容器可給我盛起？」這真是最神聖的一刻，這一刻正是我開始「母乳餵哺」的里程碑，也是當時我「唯一」能為女兒做到的事情及給予女兒最珍貴的禮物！回想起，十分感謝護師們的鼓勵，妳們猶如降臨於我們家的一位天使，妳們一點點的鼓勵成了催化劑，成就了這偉大的事情，讓我女兒能夠得到跟其他BB都可享有的「媽媽給予的最寶貴禮物——母乳」。

　　母乳，對於我女兒來說是 "Holy Milk"，我並不是想將母乳神聖化，但是我堅信，幸好有 tailor-made 的媽媽奶供應，我的女兒才能走過無數的死蔭幽谷，努力堅持到現在。還記得有女兒出生後，頭一星期是「蜜月期」（一切比較平穩），但是時光飛逝，到了第八天，我們的「過山車之旅」就此展開！期間一次又一次的細菌感染、無數次的貧血要輸血、多次的血小板偏低要輸血小板，由於女兒出世時實在太細小，醫生想幫女兒多打一條靜脈管來輸送藥物也十分困難，更勿論輸送營養液，不斷受病魔的攻擊之後，瘦到只有310克。幸好還有一條胃喉，女兒就是靠着這條胃喉接收着媽媽奶，才能夠維持着她的小生命，有着抵抗力，勇往直前地闖過一個又一個的難關，到滿月時，體重終於回升至510克。

　　還記得每一天去到NICU探望BB，只能隔着溫箱去望她，既傷心又擔心，見到BB身上插滿喉管，真的既心痛又肉痛，我身為媽媽，只有對着BB說：「BB妳要加油努力停心機，爸爸媽媽都好愛妳的，妳不要離開我們呀！」每一次，看着看着，都忍不住流淚。幸好NICU的姑娘真的很好，每一次見到我們這些早產兒媽咪，一定會主動講解BB當日的情況和問候一下我們榨奶的進展，她們的一點關心、一點提醒，才成就我們早產兒媽媽們的信心。姑娘跟我說：「媽咪，妳不要哭得太多了，會對身體唔好，而且BB能透過妳的媽媽奶，去感受

到妳的能量，妳要樂觀一點、正面一點，才可提供一些『正能量』的媽媽奶俾BB，支持BB勇敢努力堅強地向前走。」多謝妳，梁顧問及慧敏姑娘，到現在我還記着妳們跟我說的這番話。「正能量」的媽媽奶，對早產兒來說，真的十分重要。老實說，在這樣的情況下，仍然能提供到媽媽奶，可以說是「偉大工程」，也是因為醫生姑娘們的鼓勵及支持，而我們早產兒媽媽們這「偉大工程」才得以成功。這工程真的不是一件容易的事，因為我們早產兒媽媽的心理壓力實在太大，一般媽媽在泵奶時，想起自己的BB，會感到喜悅和放鬆，但是早產兒媽媽想起自己的BB，只會感到內疚、傷心和擔心，難以放鬆。

我算是幸運的一個，我是順產的，所以很快就行動自如。我明白到這「偉大工程」，對於我們極早產兒媽媽來說並不容易，所以我們要加倍努力去爭取成功，我跟自己說，我們並不是甚麼也做不了，提供媽媽奶是首要去做的，因為早產兒的腸胃未夠成熟，媽媽奶對他們的腸胃是最易吸收、最適合的，而初乳更是最佳的腸臟保護層，所以一定要努力去泵奶，建立一個有穩定奶量的「媽媽奶源」。幸好，在丈夫及家人的鼓勵下（包括精神上和湯水上的支持），加上自己的努力，很快已經有成果，最高峰時，一天的平均奶量過千，BB根本消耗不了我所有的媽媽奶，（因為BB的食量是少食多餐，由D13, 0.5ml x 6開始），冰箱也被塞滿了。所以有一段時間，為了不浪費，我的媽媽奶是可提供給三個BB去享用的（我的女兒，家姐三歲和歲半的女兒），真的成為了我家三個寶貝的「奶媽」。過了三個月及餘下的媽媽奶，又可以幫BB沖「媽媽奶浴」，沖完後，皮膚也變得滑溜。

女兒在住院期間，當然也經歷過不少的死亡邊緣，醫生一次又一次的提醒：「你們的BB出世時只有23週幾，體重又咁輕，在數據上，她的存活率不到四成，你們要有心理準備。」雖然經歷過多次的細菌感染，用過無數的強勁抗生素，梁顧問曾告訴我，有一段時間，連醫生們也很擔心她會有生命危險，奇蹟地，BB因為有媽媽奶的幫助，在完全打不到靜脈管時，還有一條胃喉去提供養分；媽媽奶慢慢地在BB身體裏建立了一個保護層，抵禦外敵，引領BB闖過一關又一關，連姑娘們都說我囡囡最勁就是腸胃，雖然經過222日的住院，最終都能甩晒所有喉仔，成功回家。

　　這段時間，把 BB 放在 QEH NICU 給醫生姑娘們是放心的，除了他們高明的醫術，在病房內，我得切感受到大家對於母乳餵哺的支持，無論是高級醫生或醫生們、護理顧問、病房經理、護士長、姑娘或助理們，他們的支持和鼓勵救贖了很多早產兒的生命，因為你們每人一點一點的支持，對於我們早產兒媽媽來說，絕對是最強大的鼓勵和支援，這是我們這些早產兒的福氣。

　　各位早產兒媽媽們，你們也要「加油努力俾心機」，不要驚嚇、不要害怕、不要畏懼，你們是有同路人的。你們並不是甚麼也做不了，優質而又 tailor-made 的媽媽奶源正是送給早產兒最佳的禮物。

黃詠欣女士
早產兒媽媽、註冊護士

瑤柱肉碎粥
Dried Scallop and Pork Congee

材料 （1人份量）

白米	半杯
免治豬肉	2 兩
瑤柱	1 粒
水	適量

Ingredients

(1 serving)

1/2 cup rice

75 g minced pork

1 dried scallop

water

醃料

生抽	1 茶匙
糖	1/4 茶匙
油	1/2 茶匙
胡椒粉	少許
水	1 茶匙
生粉	1/2 茶匙

Marinade

1 tsp light soy sauce

1/4 tsp sugar

1/2 tsp oil

pepper

1 tsp water

1/2 tsp caltrop starch

做法

1. 豬肉加醃料拌勻。
2. 瑤柱洗淨，用水浸軟，浸瑤柱水留用。
3. 白米洗淨後用油鹽醃一會。
4. 將米和瑤柱連浸水加入滾水內，大火煲滾後，轉用中慢火煲一小時。
5. 加入免治豬肉拌勻，煲滾後熄火焗一會即成。

Method

1. Mix pork with marinade.
2. Rinse dried scallop and soak until soft. Set aside with the water.
3. Rinse rice and marinate with oil and salt.
4. Boil water. Add (2) and (3). Bring to boil, turn to medium low heat and simmer for 1 hour.
5. Mix in minced pork. Bring to boil, remove from heat and remain covered for a while. Serve.

中醫錦囊　白米有健脾養胃、和五臟的作用；豬肉補虛養血、滋陰潤燥；瑤柱滋陰補腎。氣血不足、胃口不佳的初產婦適宜食用此粥。

冬菇蒸滑雞
Steamed Chicken with Shiitake Mushrooms

材料 Ingredients

雞髀	2 隻	
冬菇	5 隻	
雲耳	3 錢	
紅棗	3 粒	（去核、切半）
薑	3 片	（切絲）
蔥	1 條	（切段）

2 chicken thighs

5 dried shiitake mushrooms

11 g cloud ear fungus

3 red dates (pitted, cut in half)

3 slices ginger (shredded)

1 stalk spring onion (cut into sections)

醃料 Marinade

生抽	2 茶匙
蠔油	1 湯匙
糖	1 茶匙
薑汁	1 茶匙
酒	1 茶匙
生粉	1 茶匙
麻油	少許
胡椒粉	少許

2 tsp light soy sauce

1 tbsp oyster sauce

1 tsp sugar

1 tsp ginger juice

1 tsp wine

1 tsp caltrop starch

sesame oil

pepper

做法 Method

1. 雞髀洗淨斬件，加入醃料醃 30 分鐘。
2. 冬菇雲耳浸軟，用油一茶匙拌勻。
3. 將雞髀、冬菇、雲耳及紅棗拌勻，放上薑絲。
4. 中大火蒸約 15 分鐘，取出，撒上蔥段即成。

1. Rinse chicken thighs and cut into pieces. Mix in marinade and let it rest for 30 minutes.
2. Soak shiitake mushrooms and cloud ear fungus until soft. Mix in 1 tsp of oil.
3. Mix chicken, shiitake mushrooms, cloud ear fungus and red dates together. Top with ginger.
3. Steam over medium high heat for 15 minutes, remove and garnish with spring onion. Serve.

中醫錦囊　此菜式有益氣養血、補虛損的作用，適合產後氣血不足、精神疲倦的媽媽。發熱感冒者不宜。

瑤柱雞蛋炒薑飯
Fried Rice with Dried Scallops and Egg

材料 / Ingredients

白飯	2 碗
雞蛋	1 個
瑤柱	1 粒
薑米	1 湯匙
薑汁	1 湯匙
葱花	適量
鹽	適量

2 bowls cooked rice

1 egg

1 dried scallop

1 tbsp finely chopped ginger

1 tbsp ginger juice

chopped spring onion

salt

做法 / Method

1. 瑤柱用溫水浸軟。
2. 燒熱油，爆香薑米及瑤柱，放入蛋汁炒至半凝固時，加入白飯及薑汁炒至飯米鬆開。
3. 加鹽調味，撒上葱花即成。

1. Soak dried scallop until soft.
2. Heat oil. Fry ginger and dried scallop until fragrant. Pour in whisked eggs and fry until half set. Add rice and ginger juice and stir fry until the rice loosen.
3. Season with salt and top with spring onion. Serve.

中醫錦囊 薑有疏風散寒，又有健脾胃作用，可促進食物的吸收，對婦女產後風多血少的體質尤為適合，所以坐月期間的膳食多配以薑或薑汁為食材。

金針雲耳焗牛腱

Stir Fried Beef Shank with Dried Daylily and Cloud Ear Fungus

材料 Ingredients

金錢腱	6 両	
金針	3 錢	
雲耳	3 錢	
紅棗	6 粒（去核）	
薑茸	1 茶匙	
蒜頭	2 粒（切片）	

225 g beef shank

11 g dried daylily

11 g cloud ear fungus

6 red dates (pitted)

1 tsp grated ginger

2 cloves garlic (sliced)

醃料 Marinade

生抽	1 茶匙	
老抽	1 茶匙	
糖	1/2 茶匙	
生粉	1 茶匙	
水	1 茶匙	
油	1 湯匙	

1 tsp light soy sauce

1 tsp dark soy sauce

1/2 tsp sugar

1 tsp caltrop starch

1 tsp water

1 tbsp oil

生粉芡 Thickening

水	2 湯匙	
生粉	1 茶匙	
（拌勻）		

2 tbsp water

1 tsp caltrop starch

(mix well)

芡汁 Sauce

水	3/4 杯	
蠔油	1 湯匙	
生抽	2 茶匙	
糖	1/2 茶匙	
（拌勻）		

3/4 cup water

1 tbsp oyster sauce

2 tsp light soy sauce

1/2 tsp sugar

(mix well)

做法 Method

1. 金錢腱切薄片加入醃料醃 15 分鐘。
2. 金針雲耳洗淨，金針打結。
3. 燒熱油，爆炒牛腱至 8 成熟，盛起。
4. 再次燒熱油將薑茸和蒜片爆香，加入所有配料炒透，牛腱回鑊，加入芡汁煮片刻，最後加入生粉芡即成。

1. Slice beef shank, mix with marinade and rest for 15 minutes.
2. Rinse dried daylily and cloud ear fungus. Knot dried daylily.
3. Heat oil. Stir fry beef shank until 80% well. Remove.
4. Heat oil and fry ginger and garlic until fragrant. Add dried daylily, cloud ear fungus and red dates, and stir fry thoroughly. Stir in beef shank, add the sauce and cook for a while. Pour in thickening. Serve.

中醫錦囊

金針又名黃花菜，有通乳、補氣血、解鬱及去水腫功效；雲耳有滋陰潤肺、益胃潤腸作用。此菜式補脾胃、益氣血、強筋骨、安神潤燥，能增強體質，適合產後婦女食用。

清燉雞汁
Double-steamed Chicken Juice

材
料

Ingredients

鮮雞或烏雞　　　半隻
薑　　　　　　　3-4 片
鹽　　　　　　　少許

1/2 fresh chicken or
black-skinned chicken
3-4 slices ginger
salt

做
法

♥

Method

1. 雞去皮，汆水，瀝乾水分。
2. 把雞和薑放人燉盅內，注入熱水半杯，隔水燉 1.5 小時。
3. 隔出雞汁，下鹽拌勻，趁熱飲用。

1. Skin chicken, scald and drain.
2. Put chicken and ginger into a ceramic container for double-steaming. Add 1/2 cup of hot water. Double-steam for 1.5 hours.
3. Take the chicken juice only and season with salt. Serve hot.

營養師　話你知　燉雞汁含少量蛋白質，要吃雞肉才可增加蛋白質攝取。

中醫錦囊　烏雞有益養精血、健脾固中的效用，對於產後氣血不足、身體虛弱的婦女有很好的療效。

雞酒
Chicken Wine

材料 Ingredients

光雞或烏雞	半隻
雞蛋	1 個（先煎）
花生	2 両
黑木耳	半両
薑絲	1 両
薑汁	1/4 杯
糯米酒	1 杯
水	3 杯

1/2 chicken or black-skinned chicken

1 fried egg

75 g peanuts

19 g wood ear fungus

38 g shredded ginger

1/4 cup ginger juice

1 cup glutinous rice wine

3 cups water

做法 Method

1. 雞洗淨、斬細件。花生浸透，黑木耳浸透後切絲。
2. 燒油爆薑絲，把雞件、花生、黑木耳等炒透，下薑汁、酒及水，慢火煮約 20 分鐘後加入雞蛋再煮 5 分鐘即成。

1. Cut chicken into pieces. Soak peanuts and wood ear fungus thoroughly. Shred wood ear fungus.
2. Heat oil and fry ginger until fragrant. Add chicken, peanuts, and wood ear fungus and stir fry well. Add ginger juice, wine and water. Turn to low heat and cook for 20 minutes. Add fried egg and cook for 5 minutes. Serve.

營養師 話你知
注意飲用雞酒兩小時後，才可餵哺母乳。因糯米酒即使經過 20 分鐘的烹調，仍會殘留 40% 的酒精。

護士 話你知
煮過的酒，酒精含量會減少，但產後初期惡露較多，為免令出血加劇，應等惡露將淨時才食用酒煮的菜餚或湯品。

中醫錦囊 糯米酒健脾和胃、活血生血，可改善產婦氣血不足、時感頭暈的症狀；雞能補虛壯體；黑木耳能治血瘀積聚，有和血止血之效。產後應選擇白背木耳與酒同煮，可助產婦祛瘀防瘀，使惡露盡快排清，所以雞酒為傳統產婦必吃的補身食品。

烏豆黑木耳煲木棉魚湯
Big Eye Fish Soup with Black Beans and Wood Ear Fungus

材料 Ingredients

烏豆	1 両
黑木耳	1 両（已浸發）
木棉魚	1 條
薑	2 片

38 g black beans
38 g wood ear fungus (rehydrated)
1 big eye fish
2 slices ginger

做法 Method

1. 黑豆用白鑊炒至豆衣裂開，黑木耳洗淨、切細塊。
2. 燒熱油，下魚煎至兩面微黃色。
3. 將適量水煮滾，放入煎過的魚及其他材料，大火煲滾後，轉用中慢火煲 1-1.5 小時，下鹽調味，趁熱享用。

1. Fry black beans in a plain wok until the skin breaks. Rinse wood ear fungus and cut into pieces.
2. Heat oil. Fry both sides of big eye fish until slightly browned.
3. Boil water, add all ingredients and bring to boil over high heat. Turn to medium low heat and boil for 1-1.5 hours. Season with salt. Serve hot.

中醫錦囊　此湯能滋陰補血、祛風利水、活血止血，有助減低惡露淋漓不盡現象。

鮮奶燉烏雞
Double-steamed Black-skinned Chicken in Milk

材料 Ingredients

烏雞	半隻	
鮮奶	1杯	
紅棗	5粒（去核）	
圓肉	10克	

1/2 black-skinned chicken

1 cup milk

5 red dates (pitted)

10 g dried longan

做法 Method

1. 烏雞去皮在滾水燙一下，盛起。
2. 將所有材料放入燉盅內，隔水燉2小時即成。

1. Skin and briefly scald black-skinned chicken, remove.
2. Put all ingredients into a ceramic container for double-steaming. Double-steam for 2 hours. Serve.

✿ 營養師話你知

烏雞比其他雞的膽固醇含量較高，產後只宜適量進食。

中醫錦囊

圓肉補氣血、益心脾；紅棗能健脾和胃、益氣生津；鮮奶有補虛強身功效。此食療能滋陰養血，可幫助產婦恢復體力，同時亦可增加乳汁分泌。

淮山杞子燉海參
Double-steamed Sea Cucumber with Dried Yam and Qi Zi

材料
Ingredients

淮山	半両
杞子	2 錢
海參	4 両（已發）
瘦肉	4 両

19 g dried yam

8 g Qi Zi

150 g sea cucumber (rehydrated)

150 g lean pork

做法
Method

1. 海參用薑葱汆水。
2. 瘦肉汆水。
3. 將所有材料放入燉盅，隔水燉 1.5-2 小時。
4. 加鹽調味即成。

1. Scald sea cucumber with ginger and spring onion.
2. Scald lean pork.
3. Put all ingredients into a ceramic container for double-steaming. Double-steam for 1.5-2 hours.
4. Season with salt. Serve.

中醫錦囊　此湯水可補腎、健脾、潤腸，適合產後倦怠乏力、體虛血少產婦。

140

豬腳薑醋
Braised Pork Trotter with Ginger and Sweet Vinegar

豬蹄　　　　　1 斤
薑　　　　　　2 斤
黑甜醋　　　　2 枝
雞蛋　　　　　6 個（煲熟去殼）

600 g pork trotter
1.2 kg ginger
2 bottles black sweet vinegar
6 eggs (boiled, shell removed)

做法 ♥ Method

1. 豬蹄洗淨後用薑葱汆水 15 分鐘。
2. 薑去皮，洗淨後瀝乾水、風乾。
3. 薑用刀背拍鬆，用白鑊以中火炒至乾身呈微黃色，炒薑時要加少許鹽拌勻。
4. 瓦煲倒入黑甜醋及薑，大火煲滾後轉用中火煲約 1 小時，加入豬蹄繼續煲 1 小時，熄火後不要揭蓋。
5. 第二天再翻滾薑醋約半小時，雞蛋放入醋內煮滾片刻，熄火焗透。待 1-2 天，雞蛋浸至入味即成。

1. Rinse pork trotter and scald with ginger and spring onion for 15 minutes.
2. Skin ginger. Rinse, drain and air-dry.
3. Crush ginger with the back of a knife. Fry ginger with some salt over medium heat in a plain wok until slightly browned.
4. Put ginger and vinegar in a clay pot. Bring to boil over high heat, turn to medium heat and boil for 1 hour. Add pork trotter and cook for 1 hour. Turn off heat and remain covered.
5. On the next day, boil for about 30 minutes. Put eggs into the vinegar and boil for a while. Turn off heat and let it rest for 1-2 days. Serve.

中醫錦囊

黑醋活血祛瘀；薑能祛風散寒、健胃止嘔；雞蛋養血安神；豬蹄有健脾通乳，強筋骨的效用。薑醋有助產婦早日恢復健康，是坐月期間產婦不可缺少的補身食物，但須在產後 12 天後、惡露減少或顏色轉淡時才可食用。

營養師 話你知

豬蹄含有很高脂肪、熱量和蛋白質，身體過重或膽固醇高者須注意食量。飲一碗黑甜醋相等於吃一滿湯匙白飯，血糖高者須小心飲用份量。

木瓜章魚豬腱湯
Pork Shin Soup with Papaya and Dried Octopus

材料
Ingredients

青木瓜	1 個
章魚	3 両
花生	2 両
豬腱	1 小個
陳皮	1/4 個

1 green papaya

113 g dried octopus

75 g peanuts

1 small pork shin

1/4 dried tangerine peel

做法
Method

1. 木瓜去皮，洗淨，切件。
2. 陳皮、花生及章魚分別浸軟。
3. 豬腱汆水備用。
4. 煲內注入適量清水，將所有材料放入，大火煲滾後，轉用中慢火煲 1.5 小時。加入適量鹽，趁熱享用。

1. Peel papaya, rinse and cut into pieces.
2. Soak dried tangerine peel, peanuts and dried octopus separately until soft.
3. Scald pork shin.
4. Put water and all ingredients in a pot. Bring to boil over high heat, turn to medium low heat and simmer for 1.5 hours. Season with salt. Serve hot.

營養師話你知

哺乳期間要飲用足夠流質，包括湯水。但須注意花生含高脂肪，章魚則含膽固醇，飲湯時避免進食過量湯渣作進補。

中醫錦囊

木瓜和花生可通乳；章魚有養血益氣及補虛功效。這湯水適合產婦缺乳時飲用。

眉豆花生鯽魚湯
Crucian Carp Soup with Black-eyed Peas and Peanuts

材料
Ingredients

眉豆　　2両
花生　　2両
鯽魚　　1條
紅棗　　10粒（去核）
薑　　　2片

75 g black-eyed peas

75 g peanuts

1 crucian carp

10 red dates (pitted)

2 slices ginger

做法
Method

1. 眉豆、花生先浸 1 小時。
2. 鯽魚洗淨，兩邊煎至微黃。
3. 煲滾適量水，將所有材料放入，大火煲滾後轉用中慢火煲 1.5 小時。加入適量鹽即成。

1. Soak black-eyed peas and peanuts for 1 hour.
2. Rinse crucian carp and fry both sides until slightly browned.
3. Bring water to boil and add all ingredients. Bring to boil over high heat, turn to medium low heat and simmer for 1.5 hours. Season with salt. Serve.

護士話你知 因海洋、環境污染嚴重，餵哺母乳的媽媽如果吃魚或用以煲湯，建議每星期不多於三次。

中醫錦囊

鯽魚有益氣利水和通乳作用；眉豆健脾補腎；花生有催乳效用。這是一道改善產後缺乳的湯水。

無花果鮮奶燉花膠
Double-steamed Fish Maw and Figs in Milk

材料
Ingredients

無花果	6粒
鮮奶 / 脫脂奶	適量
花膠	2兩（已發）
薑	2片

6 figs
milk / skimmed milk
75 g fish maw (rehydrated)
2 slices ginger

做法
Method

1. 花膠洗淨，用薑蔥氽水，切細塊。無花果切半。
2. 將所有材料放入燉盅內，隔水燉 2 小時即成。

1. Rinse fish maw and scald with ginger and spring onion. Cut into small pieces. Cut figs in half.
2. Put all the ingredients into a ceramic container for double-steaming. Double-steam for 2 hours. Serve.

營養師 話你知 花膠含有豐富蛋白質及中度高脂肪，建議不宜過量進食。

護士 話你知 花膠有很多補益，但如果服用太多，或會出現乳腺阻塞的情況。

中醫錦囊 無花果有健脾通乳作用；牛奶補虛強身；花膠補腎益精。這是一道適合產後補虛及有催乳作用的湯水。無花果亦可與豬蹄一起煲湯，功效相同。

黃豆金針豬蹄湯
Pork Trotter Soup with Soybeans and Daylily

材料 Ingredients

黃豆	1 両	
金針	半両	
豬蹄	2 對	
陳皮	1/4 個	
紅棗	5 粒（去核）	

38 g soybeans

19 g dried daylily

2 pairs pork trotter

1/4 dried tangerine peel

5 red dates (pitted)

做法 Method

1. 陳皮浸軟；黃豆洗淨浸半小時；金針及紅棗洗淨備用。
2. 豬蹄用薑葱汆水 5 分鐘。
3. 除了金針，將所有材料放入滾水內，大火煲滾後，轉用中慢火煲 1.5 小時後，加入金針繼續煲 10 分鐘。加入鹽調味，趁熱享用。

1. Soak dried tangerine peel until soft. Rinse soybeans and soak for 30 minutes. Rinse daylily and red dates.
2. Scald pork trotter with ginger and spring onion for 5 minutes.
3. Put all ingredients except daylily in boiling water. Bring to boil again, turn to medium low heat and simmer for 1.5 hours. Add daylily and boil for 10 minutes. Season with salt. Serve hot.

營養師話你知

豬蹄含高飽和脂肪，體重過高及高膽固醇患者須限制進食

中醫錦囊　金針能健胃通乳；黃豆補肝養胃；豬蹄補血通乳。此湯宜產後乳汁分泌不足時飲用。只用豬蹄部分，可以減低肥膩。

益母草花生甜湯
Sweet Soup with Yi Mu Cao and Peanuts

材料 益母草乾品　　　3 錢
料　 紅衣花生　　　　1 兩
❋　 紅糖　　　　　　適量

Ingredients

11 g dried Yi Mu Cao

38 g red-skinned peanuts

brown sugar

做法 1. 益母草洗淨，用水浸軟。花生洗淨，用清水
法　　　浸 1 小時。

♥　 2. 注入適量水於煲內，水滾後加入花生及益母
Method 草，大火煲滾後，轉用中火煲 30 分鐘。加
　　　　入適量紅糖即成。

1. Rinse Yi Mu Cao and soak until soft. Rinse
peanut and soak for 1 hour.

2. Bring water to boil in a pot. Add peanuts
and Yi Mu Cao. Bring to boil again, turn to
medium heat and simmer for 30 minutes.
Add brown sugar. Serve.

❋
營 話
養 你
師 知
懷孕期身體積存脂肪，產後要避免
服食過量高糖高脂肪食物。花生是
含高植物性脂肪和蛋白質的堅果，
產婦須注意進食份量。

中醫錦囊 花生的紅色外衣，又稱花生衣，有止血散瘀作用；益母草有活血化瘀、利水消腫功效；紅糖補血、破瘀、散寒止痛。此甜湯適用於惡露淋漓不盡的產婦。

黑豆煲牛䐧
Beef Shank Soup with Black Beans

黑豆　　　　　4 両
牛䐧　　　　　1 斤
杞子　　　　　2 湯匙（沖淨）
薑　　　　　　2 片

150 g black beans
600 g beef shank
2 tbsp Qi Zi (rinsed)
2 slices ginger

1. 黑豆用白鑊炒至外皮裂開。
2. 牛䐧汆水 5 分鐘去血水，取出待用。
3. 煲內注入適量清水煮滾，放入所有材料再次煲滾後，轉中慢火煲 1.5 小時，下鹽調味即成。

1. Fry black beans in a plain wok until the skin breaks.
2. Scald beef shank for 5 minutes and set aside.
3. Bring water to boil in a pot. Add all ingredients and bring to boil again. Turn to medium low heat and simmer for 1.5 hours. Season with salt. Serve.

✽ 營養師話你知　黑豆及牛肉均含鐵質，但牛肉所含的鐵質較易為人體吸收。

中醫錦囊　黑豆滋陰補血、安神、利水；牛腱健脾益腎、養血健骨。此湯適合產後貧血、身體虛弱的產婦。

杞子南棗煲雞蛋

Soup with Boiled Egg, Qi Zi and Black Dates

材料
Ingredients

杞子	半両
南棗	5 粒（去核）
雞蛋	1 個

19 g Qi Zi

5 black dates (pitted)

1 egg

做法
Method

1. 杞子和南棗洗淨，雞蛋煲熟、去殼。
2. 煲內注入適量清水，放入杞子及南棗，大火煲滾後，轉用中慢火煲 15-20 分鐘，放入雞蛋，再煲 5 分鐘即可享用。

1. Rinse Qi Zi and black dates. Boil egg and remove shell.
2. Put water, Qi Zi and black dates in a pot. Bring to boil, turn to medium low heat and simmer for 15-20 minutes. Put in egg and simmer for 5 more minutes. Serve.

中醫錦囊

杞子滋補肝腎、益精明目；南棗益氣生津、養血祛風，是治療氣血不足、心悸怔忡的食物；雞蛋有養血安神作用。此食療能益氣生津、養血祛風、寧心安神。

除上述食物外，魚類中紅壇魚及塘虱魚也有補血作用。黑木耳含鐵質豐富，有補血活血作用，對產後婦女很有益處，是產褥常用佐膳的食材。

紫蘇葉葱白茶飲
Perilla Leaves and Spring Onion White Tea

材料 Ingredients

紫蘇葉	3 錢
葱白	3-4 條
生薑	3-4 片
紅糖	適量
水	1 1/2 杯

11 g dried perilla leaves

3-4 stalks spring onion white

3-4 slices ginger

brown sugar

1 1/2 cups water

做法 Method

1. 紫蘇葉洗淨後稍浸。
2. 水滾後放入紫蘇葉、葱白、生薑，煲 10 分鐘。
3. 加入適量紅糖，糖溶解後熄火，焗片刻。趁熱服用。

1. Rinse perilla leaves and soak.
2. Put perilla leaves, spring onion white and ginger into boiling water and boil for 10 minutes.
3. Add brown sugar and boil until dissolved. Remain covered for a while. Serve hot.

中醫錦囊

紫蘇葉、生薑及葱白均為藥食兩用食材，有發表散寒功效。此茶飲有解表、溫中及散寒作用，服後要保暖。產婦在產褥期氣血虛弱，容易受風寒之邪入侵，這湯水適合產婦受寒後怕冷、出現肢體疼痛等症狀時飲用。此外，產後身痛，可用桑寄生煲水代茶飲用以舒緩症狀。因產後百骸空虛，筋脈失於濡養，桑寄生屬補血藥材，有祛風養血、強筋骨作用。對身痛有一定療效。

芡實核桃豬腱湯
Pork Shin Soup with Fox Nuts and Walnuts

材料 | |
Ingredients

芡實　　　　　40 克
連衣核桃　　　40 克
豬腱　　　　　1 個（小）
杞子　　　　　2 湯匙（沖淨）
圓肉　　　　　10 克
陳皮　　　　　1/4 個

40 g fox nuts
40 g walnuts (with skin)
1 small pork shin
2 tbsp Qi Zi (rinsed)
10 g dried longan
1/4 dried tangerine peel

做法 | Method

1. 芡實、核桃和陳皮洗淨，分別用水浸半小時，瀝乾備用。
2. 豬腱汆水後盛起。
3. 煲內注入適量清水，將所有材料放入，大火煲滾後，轉用中慢火煲 1.5 小時。
4. 加入鹽調味即成。

1. Rinse fox nuts, walnuts and tangerine peel. Soak the above ingredients separately for half an hour. Drain.
2. Scald pork shin. Remove.
3. Put water and all ingredients in a pot. Bring to boil over high heat, turn to medium low heat for 1.5 hours.
4. Season with salt. Serve.

營養師話你知 核桃含 α - 亞麻酸，身體可轉化成奧米加 -3 脂肪酸，哺乳媽媽適量進食核桃、三文魚等，有助增加乳汁中奧米加 -3 脂肪酸，對嬰兒腦部發育和視力發展有幫助。

産褥期

中醫
錦囊 芡實益腎固精，治療小便頻多、體虛遺尿；核桃補腎固精、
潤腸通便，適合產後夜尿多，小便頻密等症。

番薯生薑糖水
Sweet Soup with Sweet Potato and Ginger

材料 ✿ Ingredients

紅薯		1 條
生薑		數片
紅糖		適量

1 red sweet potato

ginger slices

brown sugar

做法 ♥ Method

1. 紅薯去皮切小塊。
2. 煲內注入 3-4 碗水，放入番薯、薑片，大火煲滾後轉用中慢火煮至紅薯熟透。
3. 加入適量紅糖，煲至紅糖完全溶解，即可享用。

1. Peel sweet potato and cut into pieces.
2. Put 3-4 bowls of water, sweet potato and ginger in a pot. Bring to boil over high heat, turn to medium low heat and simmer until sweet potato cooked.
3. Add brown sugar and boil until dissolved. Serve.

營養師 話你知
番薯含豐富纖維素，可助腸道暢通，防止便秘。黃色番薯更富含胡蘿蔔素。

中醫錦囊
番薯又叫地瓜，有健脾益氣、通大便作用，是舒緩習慣性便秘有效的食物，可與白米同煮成為有名的地瓜粥，此外，黑芝麻、海參、蜜糖等同樣有潤腸防便秘的作用。

懷孕坐月文化～民間智慧的顯示

中國人在懷孕和坐月期間有很多習俗和禁忌，基於文化的差異、地域的不同，西方醫學是難以從科學的角度一一去解釋和驗證的。然而，源遠流長的懷孕、坐月文化可以流傳至今，自有其智慧所在，當中有些飲食習慣和護理守則，對產婦恢復體能、調養身體的確甚有裨益，值得大家參考：

• 中國人懷孕期間很注重戒口及產前要清胎毒。香港的氣候濕熱，加上一般城市人的不良飲食習慣，令孕婦容易把體內的熱氣傳給胎兒，導致寶寶出生後黃疸不易退、皮膚容易長瘡、引發濕疹等。

 孕期盡量減少吃燥熱的食物，配合產前多吃可清胎毒的食材，有利寶寶出生後擁有幼滑的皮膚，兩者是相輔相成，缺一不可的。

 例如中醫認為白蓮鬚有固澀補腎解胎毒作用，可清胎毒、有利生產，家中長輩經常以白蓮鬚與雞蛋同煲糖水或與豬粉腸煲湯，服後可使嬰兒皮膚不會生瘡及縮短產程。而且，白蓮鬚又不會有令寶寶提早出生的催產作用，這都是前人的經驗累積所得。

• 中國人坐月子有很多禁忌，如不可外出、不可探望別人、不可洗頭洗澡、不可接觸冷水等，都是對產婦的一種保護措施。

 產婦在生產過程中耗氣失血、元氣大傷、身體虛弱、抵抗力偏低，盡量避免與外界接觸可減低受感染的機會。

 昔日的浴室多在屋外，或窗戶設計不夠密封，風可直接吹入屋內，產後皮膚毛孔大開，如果直接吹風，或皮膚接觸冷水，產婦容易受風寒，筋骨受寒易致氣血循環不暢，會引起頭痛、肌肉酸痛、筋骨痹痛等問題，寒邪若稽留不去，疼痛會遷延不愈、反覆發作，影響日後的生活質素，因此產後避風寒確實是非常重要的環節。

薑皮有助驅風散寒、促進血液循環，產後用薑皮煲水洗澡和洗頭可助產婦免受風寒。加上現代家居的設施完善，又有各式各樣的家庭電器令室內保持乾燥舒適，產婦只要用薑皮洗澡洗頭之後，盡快抹乾身體和頭髮，既可保持個人衛生，又不怕着涼。

- 產後十二朝才可以派薑醋蛋給親友分享喜悅，是中國人的傳統習慣，薑醋有祛風散寒、活血祛瘀、幫助子宮收縮的作用，惡露一般在產後 3-4 天排出量較多，十天左右顏色轉淡，常於三個星期內排清，如產婦太早吃薑醋，會引起惡露增多，在十二朝或待惡露顏色轉淡時食用，令子宮收縮得好，惡露可以盡快排清。另一方面，自然分娩的產婦會陰會有傷口，過早食用薑、酒、醋等行氣活血的食物會影響傷口癒合。

  根據傳統習俗，十二朝前產婦不應外出，也不可招待親友來訪，其實不外乎是希望產婦在產褥期內，盡快恢復體力。在十二朝後產婦已有足夠精力招呼親友，一起享用薑醋，不是更好嗎？

中國數千年的文化傳統，很注重孕婦及產婦的健康，婦女生產後氣血虛弱，所以產褥期的飲食營養非常重要，坊間相傳了很多對孕婦及產婦有益的食材，甚至生活小節上的一些忌諱，一直保留下來、世代相傳，都是希望生產過程順利，達到母子得到平安目的，這些都展示了中國文化充滿了民間的智慧。

既然明白了原因，不要對老人家的嘮叨感覺厭煩，這都是她們將上一代的民間知識相傳，希望下一代健健康康。只要我們懂得與時共進，將傳統智慧結合現代科技，定能在長輩的愛心關懷之下，融洽愉快地迎接新生命的來臨。

以中醫角度看孕婦和產婦的飲食

孕期進補須知

中醫理論認為婦女懷孕後，臟腑經絡之血均注於沖任二脈以養胎，使其處於陰血偏虛，陽氣偏盛的情況，亦即陽有餘而陰不足，氣有餘而血不足的狀態。故懷孕後多服人參，會出現失眠，頭痛，煩燥等症狀；桂圓性甘溫，雖有補氣血及安神作用，但可助火，會引起孕婦出血及早產；鹿角膠及鹿茸等屬溫熱之品，均不宜孕婦服用。產前應多吃平補食物如太子參、沙參、百合、山藥、蓮子等。

懷孕初期的飲食原則

懷孕初期胎兒生長較緩，飲食量的需求增加不會很多，在這段期間，懷孕反應較嚴重，孕婦可能會出現孕吐的情況，此時應多餐少吃，進食一些清淡容易消化的食物為主，多吃帶酸味的水果可以舒緩症狀，如陳皮、生薑汁、檸檬汁、酸梅等。

從中醫角度看，食療以健脾、補腎、疏肝為主：健脾增強孕婦肌肉，亦可以防止胎元不穩，減低流產機會；腎主骨生髓，補腎對於胎兒骨骼發育關係密切，對母體有固腎安胎之效；疏肝理血，可調暢氣機，對胎兒及母體有益。有安胎作用的食物包括：桑寄生、雞蛋、花膠、白鴿、烏骨雞等。

懷孕初期不宜吃的食物包括：山楂、益母草、薏仁、黑木耳、馬齒莧、菠菜、西瓜、螃蟹、海帶等，並應盡量避免進食辛辣腥膻之物。忌吃滑利的食物如薏仁，性寒涼的馬齒莧、杏仁等，因這些食物能刺激子宮，使子宮收縮，易引致流產。

懷孕中期的飲食原則

從懷孕四個月開始，準媽媽孕吐情況減輕甚至消失，食量增加，可適量增加穀類、豆類、蛋白質及黃色食物如木瓜、玉米、蓮子、南瓜、黃豆、地瓜等以養護脾經。孕婦懷孕，血流量增多，加上屬陽的胎兒在體內，就會覺得熱氣，因此應避免吃燥熱食物，也不要吃太多苦寒食物，以免損傷脾胃。此時子宮逐漸增大，壓迫腸道，容易出現便秘，要多吃纖維質豐富的水果蔬菜，多飲豆漿及水，以利排便順暢。中醫認為脾胃為後天之本，胃經對應的味覺為甘甜，這時可以加入一些甜食以養胃經。

懷孕中後期的飲食原則

到了懷孕中後期，胎兒體重及大腦細胞激增，亦是胎兒毛髮發育階段，應多吃核桃、花生、芝麻等補腦食物，以及栗子、黑豆、黑米等黑色食物以滋腎養髮，讓嬰兒有烏潤的髮質。然而，孕婦須避免進食過量，防止胎兒太大。此外，孕婦會出現下肢浮腫，可多吃冬瓜、南瓜及紅豆，以舒緩症狀。

懷孕十月（產前一月）的飲食原則

在分娩前，孕婦不宜食用太多補氣食材，應多吃冬瓜、西瓜、紅豆等利小便的食物，以及莧菜、白蓮鬚等利於生產的食材。中醫有祛胎毒之説，即是指懷孕期間常吃油炸、濕熱之食物而引起的血熱，令嬰兒出生後容易出現濕疹及奶癬等皮膚症狀。祛胎毒是避免小寶寶出生後皮膚長出痘瘡、皮疹及出生後出現黃疸不退的情況，懷孕八個月開始要祛胎毒，令寶寶有白淨的肌膚。

產後第一星期的飲食原則

產後第一星期，產婦的消化能力較弱，應避免進食肥膩食物，亦不要急於進補。

產褥期的飲食原則

婦女生產後氣血虛弱，所以要注重產褥期的飲食營養，一來可以補充生產時的消耗，補養身體，二來可確保有足夠奶量，為母乳餵哺打好基礎。所以坐月期間的飲食質量，非常重要。產後多風、多虛、多瘀，所以婦女分娩後膳食要着重驅風、補氣血及化瘀為原則。

產褥期的飲食宜忌

宜	忌
• 多吃：增加母乳量的食物，如肉類、魚類，雞蛋、乳品類 • 多喝：牛奶、雞湯、骨湯及魚湯 • 素食者：多吃大豆、紅棗、芝麻、堅果類如杏仁粉等 • 餵哺母乳媽媽每天多飲一公升流質飲料，平日以炒米、黑豆、紅棗、南棗、龍眼肉焗茶代水日常飲用	• 寒涼蔬果：西瓜、蜜瓜、柿子、火龍果、通菜、白菜、苦瓜、茄子等 • 刺激性食物：咖啡、烈酒、香煙、辣椒、咖喱等 • 有回奶作用的食物：肝類、乳鴿、綠豆、蟹、大麥及其製品、淡豆豉、韭菜及過鹹的食物

以下是一些常用於產褥期的烹調食材,從中醫的角度,這些食材具有驅風化瘀及補益的功效:

- 老薑:具有祛風寒及暖子宮的功效,產婦用薑皮洗頭及洗澡,有暖身及驅頭風的作用
- 黑麻油:有助子宮收縮及促進瘀血排出,是祛風及滋補的調味料
- 糯米酒:有促進血液循環、通乳、暖身的作用
- 甜醋:烹調豬腳薑的調味料,幫助溶解豬腳內的鈣,利於吸收,同時有開胃生津之效
- 白背木耳:有助清除子宮內瘀血
- 紅棗:有補血及恢復精力功效
- 南棗:有滋補強身、補氣血、養陰的作用
- 杞子:有滋補肝腎之效
- 花膠:有滋陰作用,膠質及蛋白質豐富,增強抵抗力
- 烏雞:滋陰補腎,使虛弱產婦體力能盡快恢復
- 雞:溫補之品,有養血、強脾胃的功效
- 黃鱔:補而不燥、脂肪少,有補血活血、滋補體質的功效
- 豬手:有補血、通乳、使肌膚柔滑的功效
- 雞蛋:蛋白質豐富,有強壯體力、滋補身體的作用
- 木瓜:營養豐富,用未熟的木瓜配合肉類煲湯,有增加乳汁分泌的效用
- 花生:疏通乳腺,能促進乳汁分泌
- 黑豆:有活血化瘀、利水祛風、補腎明目的作用
- 田雞:有補虛益精、養肺滋腎作用,適宜產後無乳及體虛者
- 龍眼肉:補益心脾,養血安神
- 炒米茶:有溫中祛寒、健脾和胃的作用

妊娠和產後症狀的舒緩食療

妊娠嘔吐

懷孕初期,會發生噁心嘔吐、食慾不振等症狀,症狀會隨着孕期消失。孕婦多嗜酸,嘔吐時可多吃烏梅或話梅。另外在家中必備的生薑及陳皮,都是止嘔的好食材。舒緩孕吐的食物有:

- 生薑:有止嘔和胃作用,有嘔家聖藥之稱
- 陳皮:有理氣健脾,舒緩噁心嘔吐症狀
- 梳打餅乾:有養胃和胃、中和胃酸作用,能減輕孕吐的症狀

- 麥芽糖：有健脾胃作用
- 蘋果：有生津開胃作用
- 白蘿蔔：有健胃止嘔作用
- 烏梅：有益津開胃作用，可作烏梅生薑紅糖湯

心神不安

孕婦母體血聚下焦以養胎，以致心血不足，心失所養而出現心慌現象，多吃豬心、蓮子，百合，龍眼肉，雞蛋黃等食物有助改善症狀。百合有清心安神之效，對虛煩心悸、失眠多夢有療效；龍眼肉能補心脾、治失眠；雞蛋黃又名雞子黃，有滋陰、寧心安神功效，雞子黃配合其他中藥，是治療虛煩失眠的良藥。

尿頻

妊娠後期，胎兒進入盤腔，膀胱受壓使其容量減少所致。食物如合桃、瑤柱、淮山、芡實等有治尿頻的作用。

小腿抽筋

妊娠中後期孕婦會出現小腿及足跟頻發抽筋疼痛，中醫認為肝主筋、藏血，懷孕血聚下焦養胎，血虛筋不得養，至妊娠後期子宮增大，下肢血液循環不暢，以致小腿多於夜間酣睡時發生抽筋。多吃含高鈣量及有補血作用的食物能有助舒緩症狀。

產後缺乳

中醫產後缺乳主要是由於乳汁為氣血所生，產婦素體脾胃虛弱、氣血生化不足或分娩時耗傷氣血，導致氣血虧虛、乳汁生化無源，因而缺乳；產婦最理想是在產後三天才食用有催乳作用的湯水。民間常用有催乳效果的食物有：

- 豬蹄
- 雞或烏雞
- 魚類如鯽魚、紅壇魚、大眼雞、牛鰍魚、泥鰍魚、章魚等
- 絲瓜、芝麻、花生、豌豆、赤小豆、木瓜等

生產姿勢自由行

在香港，傳統上產婦生小孩時都是躺在床上、兩腿張開的姿勢，有時候，產婦會表示沒法子把腿張得那麼大、不懂怎樣手腳配合、不懂怎樣用力等等。但其實在某些國家，產婦在待產期間都是自由地走動，時坐時跪，有時躺着，有時俯在軟墊上。直至分娩的一刻，有的產婦坐在椅上，有的跪在地上，有的甚至坐在水缸中分娩。其實生產姿勢也有很多不同選擇的。

研究指出，透過不同的生產姿勢可達到以下效果：

- 產婦在待產時多活動身體，有助於減輕陣痛
- 有助於擴闊骨盆空間，令胎兒有較多空間，增加順產的機會
- 直立或側躺的生產姿勢，可縮短第二產程
- 減低需要用儀器助產的機率
- 背躺的姿態（即傳統生產姿勢）因胎兒會壓着產婦的大血管，影響對胎兒的供血

世界衛生組織指引亦建議，應鼓勵產婦於分娩期間自由走動，亦應支持產婦選擇生產姿勢。所以在推行「生產姿勢自由行」這理念時，其實是回復人類基本分娩的本相。可供孕婦考慮的姿勢包括：

- 側仰式
- 高跪姿
- 四肢着地跪姿
- 上身直立式
- 使用生產椅

產前，孕婦應把自己想選擇嘗試的生產姿勢，告知助產士以獲得其協助。自己選擇生產姿勢的產婦，可以提昇舒適感，分娩時較易用力，背痛得以舒緩，而且對自己的選擇更感滿意。

掃風技巧

由於初生嬰兒的胃與食道之間的賁門（胃部入口）發育未成熟，容易出現嘔奶的情況，嚴重的話可導致嗆喉窒息。正確地掃風可以減少飲奶後嘔吐的機會。本章的示範讓你掌握正確的掃風方法：

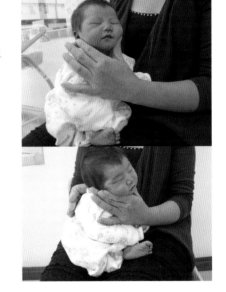

方法一

- 用手扶托嬰兒兩邊腮骨，手掌承托嬰兒腔膛。

- 嬰兒坐直，身體微微向前，另一手輕拍嬰兒背部。

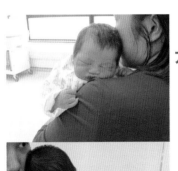

方法二

- 嬰兒垂直依靠着媽媽，頭靠在媽媽肩膊。

- 媽媽一手承托嬰兒臀部，另一手輕拍嬰兒背部。

任何問題 · 總有解決辦法

生兒育女、傳宗接代，本是女性的天職，也是女性的福氣，但由於各種原因，使某部分婦女在養育孩子時遇到困難重重，甚至影響到個人及孩子身、心靈的發展，母親和家人都必須特別關注，不能掉以輕心。

事實上，現今社會及家庭問題日益嚴重，工作帶來沉重的壓力、婚姻問題、婆媳糾紛、住屋及經濟負擔等，對婦女造成情緒困擾，甚至患上精神病。有些婦女不堪負荷，染上濫藥的習慣，對自己及嬰兒的健康造成嚴重影響。還有未成年懷孕的少女，若缺乏家人支持，實在難以獨力承擔母親的責任。因此，生育對這些婦女及其家人可能是一個不容易承受的負擔，同時對母嬰的健康亦有潛在的危機。

為協助有困難的媽媽適應轉變，讓嬰兒能在安全和完善的環境下成長，衛生署和各醫院合作設立了「婦兒全面身心發展服務」，提供多元化支援。助產士與不同的專業部門合作，包括社工、濫藥及青少年輔導員、精神科醫生和護士、母嬰健康院護士及兒科醫生等，謀求協助解決問題，讓媽媽及嬰兒得到妥善的照顧。

從懷孕初期，助產士會為孕婦作出評估，包括情緒、婚姻狀況及家庭關係、有否不良嗜好等，給予輔導及健康教育，並按需要作出轉介服務：如精神科服務，提供情緒及精神上的支援及治療；各類社會服務，如社會福利署社工，提供家庭輔導，包括婚姻及婆媳關係輔導、協助處理經濟及住屋問題，並為貧困家庭安排孕婦的食物資助、照顧嬰兒所需物品及人力支援等；對於有濫藥的孕婦，會轉到濫藥輔導中心，幫助孕婦戒除毒癮，做個健康的媽媽；在輔導未成年媽媽肩負母親的角色上，助產士鼓勵其多與家人溝通、參與產前班、選擇母乳餵養及參與年青媽媽小組，並轉介社工跟進各方面需要。

在過往日子裏，「婦兒全面身心發展服務」幫助了不少在困難中的婦女，協助她們建立信心和作好充足的準備去迎接嬰孩出世，並有暢順的育兒體驗。

有用資料

醫管局各大醫院的諮詢熱線（只限於該醫院生產的媽媽）

威爾斯親王醫院	2632 3002（24 小時電話錄音）
東區尤德夫人那打素醫院	2595 6813（星期一至五：下午 2 時至 3 時 30 分）
伊利沙伯醫院	2958 6565（星期一至五：上午 9 時至 5 時）
基督教聯合醫院	2346 9995（上午 9 時至下午 6 時，電話錄音）
屯門醫院	2468 5702 / 2468 5696（上午 9 時至下午 9 時）
瑪麗醫院	7306 9687（上午 8 時至下午 8 時）
廣華醫院	3517 6909 / 3517 8909（24 小時產後熱線） 3517 2175（母乳餵哺專線 - 24 小時電話錄音）
瑪嘉烈醫院	2741 3868（24 小時產後熱線，電話錄音）

母乳餵哺資訊：

- **愛嬰醫院香港協會**
  - ＊電話：2838 7727（上午 9 時至下午 9 時）
  - ＊網址：http://www.babyfriendly.org.hk/
- **香港母乳育嬰協會**
  - ＊電話：2540 3282（24 小時電話錄音）
  - ＊網址：http://www.breastfeeding.org.hk/
- **衛生署：懷孕及產後期健康資訊**
  - ＊電話：2961 8868（衛生署母乳餵哺熱線）
  - ＊網址：http://www.fhs.gov.hk/tc_chi/health_info/class_life/woman/woman_pwwp.html
- **國際母乳會－香港**
  - ＊網址：http://cn.lll-hk.org/
- **台灣母乳協會**
  - ＊網址：http://www.breastfeeding.org.tw/main/main.php

社會服務支援：

- 各區社會福利署轄下之綜合家庭服務中心
  ＊網址：http://www.swd.gov.hk/tc/index/site_pubsvc/page_family/sub_listofserv/id_ifs/
- 明愛「風信子行動－年輕媽媽支援及發展服務」
  ＊電話：3796 4620 / 9551 3707
  ＊網址：http://ycs.caritas.org.hk/hyacinth/1backgd.html
- 母親的抉擇（意外懷孕支援服務）
  ＊電話：2537 7633
  ＊網址：http://www.motherschoice.org/zh/
- 香港基督教服務處 PS33（濫藥輔導中心）
  ＊電話：2368 8269（尖沙咀中心）
  ＊電話：3572 0673（深水埗中心）
  ＊網址：http://www.hkcs.org/gcb/ps33/ps33.html
- 香港戒毒會（美沙酮治療計劃）
  ＊電話：2574 3300
  ＊網址：http://www.sarda.org.hk/MCCS.html

鳴謝
（排名不分先後）

編輯委員會
廖綺華護士　　黃麗琼護士
曾小玲護士　　熊裕勤護士
楊若梅護士　　蔡康寧護士
梁瑞寬護士　　馮寶芝護士
林志愛護士　　陳慧蘭營養師

醫護部門
伊利沙伯醫院營養部
伊利沙伯醫院兒科
伊利沙伯醫院婦產科

食譜提供及菜式烹飪
吳佩賢註冊中醫師

文章 / 相片提供
產婦及家人

黃詠欣女士　　陳紫明女士
彭淑芬女士　　張婉琳女士
戚錫茵女士　　余婉玲女士
孔穎達先生　　張卓盈女士
黎嘉敏女士　　陳艷玲女士
張燁茹女士

職員

盧志遠醫生　　黎潔瑩護士
梁國賢醫生　　鄭健玲護士
許慧嫻營養師　陳秋雁護士
何慧敏護士　　高燕群護士
高綺華護士　　伍清華護士
李麗甜護士　　陳淑貞護士
麥穎心護士　　梁妙玲護士
方紫素護士

準媽媽的好煮意

Simple and Healthy Recipes for Mothers-to-be

作者	Author
九龍中 醫院聯網	Kowloon Central Cluster
愛嬰編輯委員會	Baby Friendly Editorial Group

策劃/編輯	Project Editor
	Catherme Tam · Emily Luk

攝影	Photographer
	Imagine Union

美術統籌及設計	Art Direction
	Amelia Loh

美術設計	Design
	Man Lo

出版者	Publisher
	Forms Kitchen
	an imprint of Forms Publications (HK) Co. Ltd.
香港英皇道499號北角工業大廈18樓	18/F, North Point Industrial Building, 499 King's Road, Hong Kong
電話	Tel: 2138 7998
傳真	Fax: 2597 4003
網址	Web Site: http://www.formspub.com
	http://www.facebook.com/formspub
電郵	Email: marketing@formspub.com

發行者	Distributor
香港聯合書刊物流有限公司	SUP Publishing Logistics (HK) Ltd.
香港新界大埔汀麗路36號	3/F., C&C Building, 36 Ting Lai Road,
中華商務印刷大廈3字樓	Tai Po, N.T., Hong Kong
電話	Tel: 2150 2100
傳真	Fax: 2407 3062
電郵	Email: info@suplogistics.com.hk

承印者	Printer
中華商務彩色印刷有限公司	C & C Offset Printing Co., Ltd.

出版日期	Publishing Date
二○一四年七月第一次印刷	First print in July 2014

瀏覽網站

會員註冊